JN061979

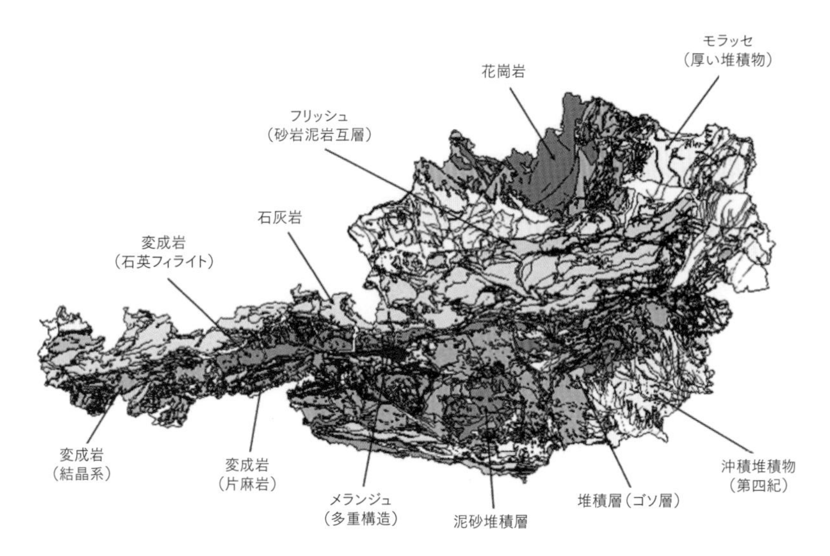

図 1-4　オーストリアの地質図
［出所：連邦地質調査所、連邦教育科学研究省 BMBWF オーストリア地質図（https://www.geologie.ac.at/services/web-services/)］

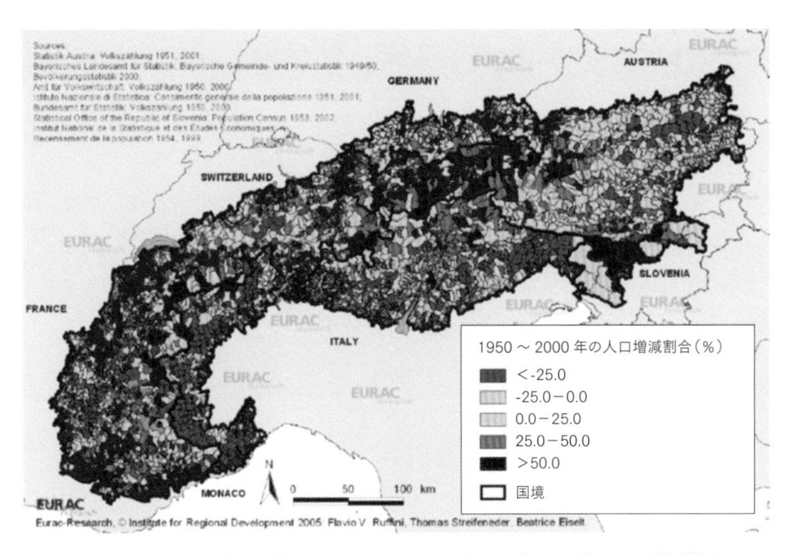

図 1-13　ヨーロッパ・アルプス地域の 1950 ～ 2000 年までの各市町村の人口増減割合
［出所：EURAC、2005］

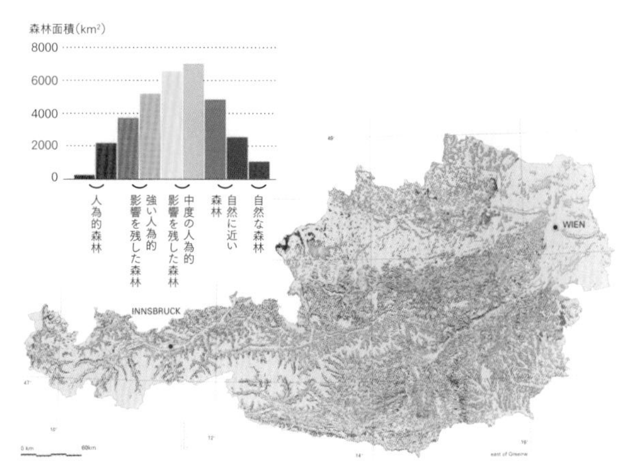

図 2-6　オーストリアの森林の自然度（ヘメロビー）の分類図
人為的度合いから近自然度合いを 1 から 9 の段階に分類している。人為的影響を色濃く残す森林（赤色・オレンジ色の区域）は都市近郊低地部に比較的多いことがわかる。中度に人為的影響を受けている林分が一番多い地域は黄色・黄緑色、近自然・自然な林分は緑色・濃緑色である。
[出所：Austrian Academy of Science - UNESCO programme “Man and the Biosphere”（http://131.130.59.133/projekte/hemerobie/hem_forest.htm）; Grabherr G, Koch G., Kirchmeier H., Reiter K.（1998）]

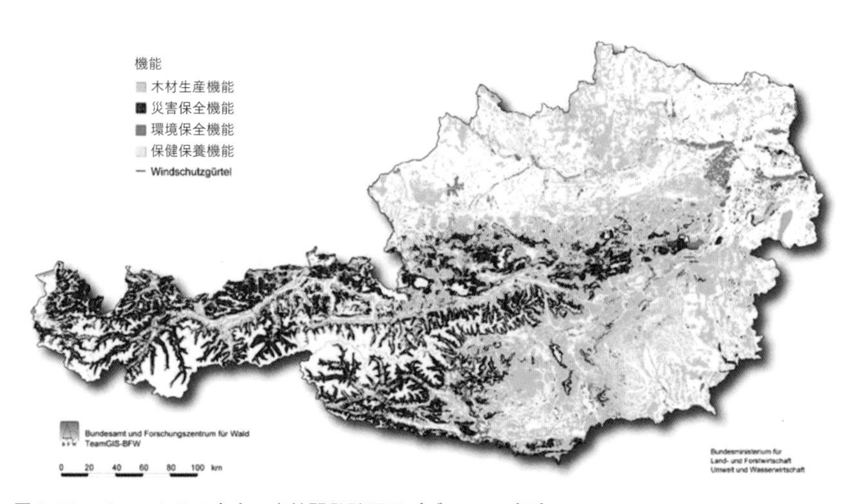

図 2-10　オーストリア全土の森林開発計画図（ゾーニング図）
[出所：BMTN,Waldentwicklungsplan（WEP）]

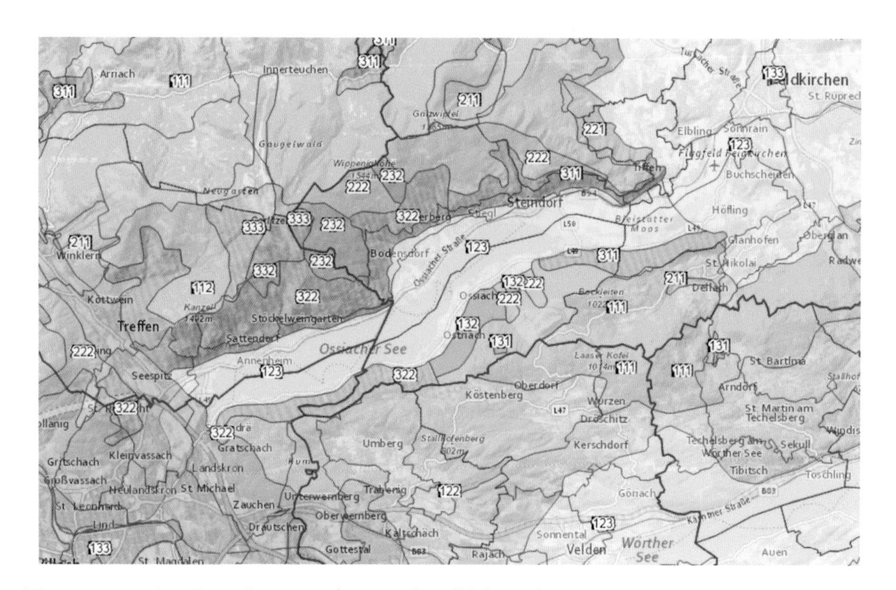

図 2-11　インターネット版によるゾーニング図（検索画面）
ケルンテン州のオシアッハ湖周辺情報を表示。図の着色は P.42 の解説のとおり。
［出所：https://www.waldentwicklungsplan.at/map］

図 6-1　オーストリアの自然災害記録（2018 年 4 月現在）
この地図は、山地災害、雪崩対策に記録されているすべての洪水・土石流、雪崩、崩壊・地すべり、および落石の履歴を示す。
［出所：Naturgefahren Karte Historische Ereignisse 2018 bmnt.gv.at（GIS：http://maps.naturgefahren.at/)］

図 6-3　オーストリアのチロル州ドルミッツ村ハザードマップの例（2018 年 4 月現在）
オーストリアのハザードマップは、特別警戒区域と危険区域は日本と同じ分類で、「レッドゾーン」は土石流や雪崩の警戒区域、「イエローゾーン」は危険区域となっている。その他「ブルーゾーン」は維持区域として技術的または生物学的保護対策の管理、「ブラウンゾーン」は土石流や雪崩以外の自然災害の危険区域、「バイオレットゾーン」は現在の状態を保存しなければならない区域となっており、災害計画だけでなく自然保護、生態的な分類を含んでいる。
［出所：Naturgefahren Karte Historische Ereignisse 2018 bmnt.gv.at（GIS：http://maps.naturgefahren.at/）］

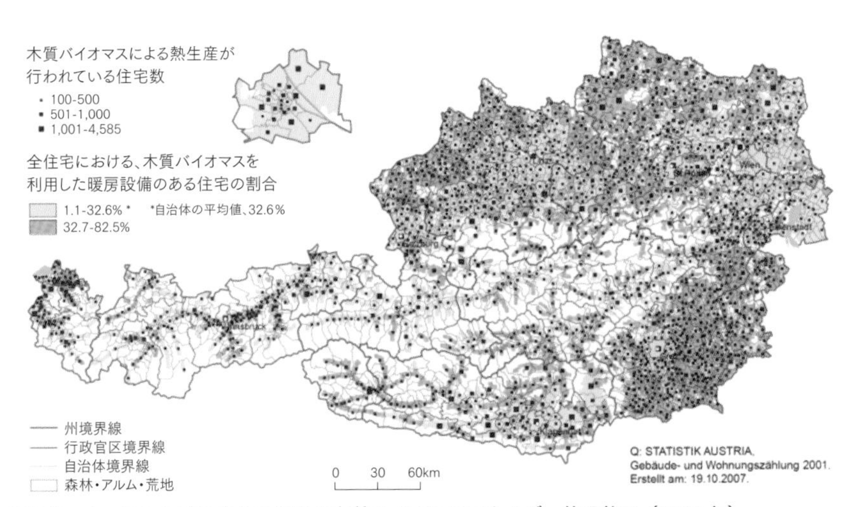

図 7-3　オーストリアにおける住宅の木質バイオマスエネルギー使用状況（2001 年）
木質バイオマスを使用している住宅戸数は赤色の四角の大きさで示している。
［出所：Statistik Austria（2007）］

地域林業のすすめ

林業先進国オーストリアに学ぶ地域資源活用のしくみ

青木健太郎
植木達人 編著

築地書館

序

今日のオーストリアの林業と森林経営は世界的に見ても際立っているといえよう。しかし、長い間続いた森林資源の過剰利用から脱却し、現在の森林科学と林業の足場を確立するに至るまで数百年かかり、その間オーストリアの森林関係者は数多くの試行錯誤を繰り返してきた。

木材生産における持続可能性の原則は、中世から近世にはすでに伝統的な慣習法や領主による法令を通じて訓令されていた。にもかかわらず、多くの森林は乱伐され資源の枯渇にさらされており、本来森林がもたらすはずの多面的機能は限定的であった。そういった現実にあって、当時のオーストリア＝ハンガリー二重帝国が1852年に森林法を布告し、治山・砂防分野を森林業務の一部として組み込むに至った。それ以降オーストリアの林業は、持続可能性の思想と木材生産ならびに森林がもたらす災害保全機能を最大限に引き出していくことが主流となった。1975年に公布された連邦森林法とそれに続く改定法は、社会が求める、その時代に即した森林の多面的機能の意味合いの中で森林経営を位置づけている。

今日の林業は社会が求めている森林の多面的機能の裏づけとして、革新的かつ科学的な知見に基づいて定義された森林経営とみなされている。これは単に森林を木材生産と災害保全のための資源としてではなく、さらに生命の生息空間として、生物の多様性を有する場所として、人々のレクリエーションの空間として、環境保全機能の源として、質の高い飲み水の源泉として森林を理解しなければならないことを意味する。

これらの社会要請に対し、オーストリア林業は20世紀後半から21世紀前半の間に起こった社会構造変革の波の中で、高いイノベーション力とともに発展してきた。とりわけ革新的な林業技術は、過疎化による労働力の喪失と跳ね上がる賃金を埋め合わせることにつながった。森林資源の多くが山岳傾斜域に位置しているという不利な経営条件に対して適応可能な林業機械と作業技術を開発するために多くの試練が必要とされた。

オーストリア林業と日本の森林経営にはとても強い関連性があるだろう。日本も国土の多くが森林で覆われており、山岳域が多いゆえ同じような特殊な林業作業技術も求められる。そのほかの分野においても日本のニーズに合致している点も多々あろう。小規模面積利用を基本とした恒続林施業や天然更新、あるいは近自然森林経営などはその良い例である。小規模面積利用を基本とした恒続林は、日本の山岳域にとっては確実に有効な森林経営の一つの手法になるだろう。それは日本のような不安定な地質と地形による高い災害リスクがあり、台風発生期をはじめとする降雨量の多い国に対しても、森林は最適な災害保全機能をもたらしてくれるであろう。天然更新と近自然森林経営は日本にとっても高い生物多様性を維持するためにとても大きな意味を持つことになるはずである。ただし、日本における高い樹種多様性ゆえ、生態的だけでなく利用技術的にも多くの試行錯誤が求められるであろう。

日本の森林関係者には同志として新しい試みに挑戦することに喜びを見出し、粘り強く多くの成功を手にしてゆくことを期待している。

オーストリア連邦ウィーン農科大学（BOKU）元副学長・退官教授
ヘルベルト・ハーガー

はじめに

「持続可能性（サスティナビリティー）」という考え方は、今から300年ほど前の中央ヨーロッパ林業を発祥とする。17世紀のドイツ・ザクセン公国では、森林が単なる鉱山の鉄鉱石採掘のように資源開発されたことによって荒廃が進んだため、公国の鉱山監督官だったハンス・カール・フォン・カルロヴィッツ（Hans Carl von Carlowitz）が、1713年に森林資源利用を長期的に扱うための規則を導入したのが始まりである。もちろん当時の規則は木材生産を主目的としていたが、人々は木材の再生産を長期的に続けるには、その土地の気候や土壌条件に配慮して森林を管理しなければならないことをすでに認識していた。土地の自然条件を無視すると森林土壌の生産力が衰えたり、病虫害が蔓延したり、山地災害が発生することを目の当たりにしたからである。

それから数百年の間に、世界中の至るところで行われた生態系の許容力を超えた資源開発によって、森林はさらに大きく荒廃・減少した。

今や持続可能性の理念は、森林だけでなく環境保全や社会経済・文化・政治をも包括する概念として発展し、ブルントラント報告書（国際連合:「環境と開発に関する世界委員会〈WCED〉」、1987年）で広く認知されるようになった。

われわれが森林の持続可能性をどう実践していくかについての問題は、1992年にブラジルのリオデジャネイロで開催された「国連環境開発会議（UNCED）」（地球サミット）を契機に、その後、国連を中心に国際的な議論が進められてきた。1995年にはモントリオール・プロセスにおいて、①生物多様性の保全、②森林生態系の生産力の維持、③森林生態系の健全性と活力の維持、④土壌および水資源の保全と維持、⑤地球的炭素循環への森林の寄与、⑥社会の要望を満たす長期的・多面的な社会・経済的便益の維持および増進（木材生産を含む）、⑦森林の保全と持続可能な経営のための法的・制度的および経済的枠組み、という森林の持続可能性に対する7つの国際的基準が定義された。

近年では2015年に国連総会で採択された、経済・社会・環境の課題を2030年までに統合的に解決することを目指す「持続可能な開発目標（Sustainable

Development Goals：SDGs)」の達成に向けた取り組みが、先進国や開発途上国を問わずに始まっている。また、気候変動枠組み条約でパリ協定が2016年に発効し、世界の経済・社会活動の方向性が脱炭素社会への転換に向けて動き出しており、こうしたことからも森林資源の適正利用と管理がさらに重要になってきている。

今日、森林の持続可能性の議論は、17世紀当時より広範化し、森林を経済的・環境的・社会的な調和を図るための複合的な枠組みの中でとらえられているといえよう。したがって国際的議論の中で用いられている英語のSustainable Forest Management（SFM）は、日本国内ではしばしば「持続可能な森林経営」として訳されているが、国際的基準が本来意図するSFMは、必ずしもわれわれが日常で使う辞書的意味の「経営」という範囲にとどまるものではない。多面的機能を有する森林資源を経済的側面、環境的側面および社会的側面も含めた重層的・包括的枠組みの中で、どう管理・遂行していくかという意味での「経営」ととらえるべきである。本書でもそうした意味での「持続可能な森林経営」と定義づけている。

1992年のリオデジャネイロの地球サミットからすでに25年以上経過したが、国内林業に課せられた問題は山積みである。さらに近年に我が国で起こった重大な問題として、2011年3月11日の福島第一原発事故発生から続く森林生態系への放射能汚染と、それに起因する林産業への負の影響がある。我が国が引き起こした放射能汚染は国内にとどまらず、依然として国際的な懸念となっている。

果たして国内の林業は、前述した持続可能性の国際基準に照らし合わせて、どの程度適合しているのか、森林の持続可能性のための制度的枠組みが断片的・限定的になっていないか、森林生態系の放射能汚染を持続可能性の枠組みの中でどう理解すべきか、この先、日本の森林資源を適正に利用・管理するためにわれわれは国として、地域社会としてどこに進むべきか、それらの根本的な疑問に少しでも答えることができるよう、多くの林業関係者は真摯に課題に向き合わなければならない。

これまで農業や林業などの第一次産業は、人口の増加や需要の増大とともに生産力を高め、大型化・効率化のシステムを徐々に作り上げてきた。このことは技術の発展として必然であり、また歓迎すべきことである。しかし資本主義経済は、時には森林の復元力を超えた収穫技術の採用、経営の持続性や生物多様性の配慮に欠けた森林資源管理、経済性を優先した非計画的木材供給体制、働く人たちに対する安全性の欠如や過重労働、大量・遠距離輸送に伴う地場林産業の弱体化など、様々な課題や問題を発生させてきた。

そうした現状を直視し、これからの我が国の森林・林業についてどのような視座でどう展望すべきか、そのことが本書の課題の底流にあり、それらの解決のヒントをオーストリアの林業と農山村社会に見出そうとするものである。

その注目すべき一つめは、経済のグローバル化によって進展する、大規模森林セクター（森林・木材を資源・原料として経済活動を行う大規模経営体の総称）の森林資源利用戦略とは異なるもう一方の戦略、すなわち中小規模の森林セクターに焦点を当て、その重要性を浮き彫りにしようと試みた。オーストリアの森林セクターの連携構造はもちろん一言では言い尽くせないが、批判を恐れずに林業・林産業とエネルギー資源供給の例を、わかりやすく単純化して表現すると、大規模森林経営に大規模林産業と大手熱電供給プラントが連結する「世界標準輸出型木材産業」と、中小規模森林経営に地元林産業と地域熱供給プラントが連結する「地域循環型木材産業」の二形態があるといえよう。オーストリア林業はこの重層的な二構造によって成り立っているのであり、このことがオーストリア林業の強さの源泉でもある。われわれは海外の林業・林産業を評価する際、我が国の木材産業に直接影響を与える「世界標準輸出型木材産業」に目が行きがちであるが、「地域循環型木材産業」が農山村の経済的・環境的・社会的貢献の重要な部分を担っていることも同時に理解しなければ、オーストリア林業の本質を見落とすことになるだろう。

本書では特に後者に注目するが、その理由は、第一次産業の基（もと）となる「生き物」を対象とした産業のあり方として、その再生能力を超えない節度ある循環的資源管理を標榜し、「地域の土地産業」であるがゆえの地力の限界から生じる森林施業の工夫と創造、それを支え、連動する地域異業種や地元住民をも巻き込んだ協働体制を、いかに具体的・実践的に展開しているかを確かめることにある。そうした検討を通じて、日本の林業と農山村、あるいは地方の森林セクターと地場産業の今後のあり方を展望するヒントをつかみたいと思う。

二つめとして、森林は多様な地域環境材として、また様々な公益的サービスの提供元として、さらには木材生産の場として有形・無形の機能や価値を複合的に持っている。またオーストリアの国の成り立ちや地域性、社会経済条件、生態系は日本と異なるといえども、森林に期待すべき諸機能は同じである。森林が提供する多面的機能をどう現代の市場経済原理の中で適正に維持・管理し、次世代に引き渡していくべきかという課題に対して、まだその方向性は明確に与えられていない。森林の多面的機能を保障しつつ、持続可能性を踏まえた森林経営を実践するとなると、現場での相当の知識と力量が要求される。しかも中小規模の森林経営体だけでそれを完遂することは困難であろう。森林の多面的機能は多岐にわたり、幅広い利害関係者との調整を必要とする。それを誰が担っているのか、また関係者間でどれくらい複合便益（Multiple-Benefits）が得られているか、森林という多様な地域環境材を持続的に扱うガバナンスの根幹となる専門教育はどうあるべきか、いずれも重要な観点であろう。

三つめに、オーストリアの林業構造でわかることは、素材生産部門と製材・合板・紙パルプ業界を含む林産業との垂直的連携にとどまらず、地域の人々や異なる産業との水平的連携が強いことであろう。狩猟関係者や環境保全従事者、エネルギー分野、農業やレクリエーション、市民など、森林部門に関わる周辺の利害関係者との広範なつながりが進行している。今日、森林資源に関連する利害は林業関係者だけの枠に収まりきらない。異業種との対話を通じた相互理解を深めることがとりわけ重要になっている。連携と協働、利害調整と相互理解は時間のかかるプロセスであるが、それに耐えるだけのブレない長期的ビジョンと、刻々と変化する周辺環境へのしなやかな状況対応力を持てるかどうかを問われている。そのことを体現しつつあるのがオーストリアであろう。このことが林業や農山村の活力の源泉でもある。学ぶべき点は多い。

そして最後に、オーストリアと日本の森林・林業等の比較を通じて、その類似性と独自性、あるいは相違について検討した。この中で長野県についても比較対象として挙げているが、これは農山村社会を担う地方行政の視点を加えることによって、日本とオーストリアの距離感がより一層理解できると判断したためである。我が国では十数年前から林業先進国にならい、追いつけ・追い越せを目指してきたように思える。しかし、これまでの単発的な情報だけで相手を理解することは、刺激的でわかりやすいというメリットはあるが、時には空論を招き、時には部門間の知の集積と技術のアンバランスを生むことになり、真の林業の底上げにつながらない。それらが生み出す負のスパイラルの果てに地域はさらに方向性を見失っていく可能性がある。限界はどうしてもつきまとうが、全体実態あるいは基底に横たわる地域社会が受け継いできた諸相を理解し、その上で両者を比較することは、オーストリア林業の本質の理解を深め、同時に我が国の現在位置を明確にさせるであろう。このことは日本林業を着実に前に進める上で大いに参考になると確信している。

なおタイトルにある「地域林業」とは、工夫と創造の森林施業を実践し、自然資源の多様性と使用価値を高める資源創出型経営を進め、これを通じて林家の経済的自立の追求と、地域の環境保全や社会の質の向上に貢献する林業、と定義づけている。その際、重要となる観点は、地元の諸産業や住民と強い協働・協力関係を形成し、林家によって創出される森林や林産物を新たな農山村ビジネスに転化し、雇用の拡大につなげる地域の仕組み作りとワンセットとして構築することである。

今日の国内林業が直面している課題は、日本の社会的・経済的構造変化とも絡み合っており、一つのブレークスルーがすべての課題を解決してくれるような単純な問題ではなくなっている。地域の森林資源を次世代に残すために、適正な森林経営の道筋はおそらくいくつもあろう。ただしそれを見つけ、進んでいくためには、ものごとの価値転換も含め、地域の当事者が自分たちの課題として問題解決に真っ向から取り組み、地道に試行錯誤を続けながら、一つひとつ確かめる作業を行うしかないのだと思われる。

その小さな第一歩として、本書はこれから林業を学び始める学生が、地域再生の現場で、森林資源を持続的に扱うために何をどう考えていくべきか、ものごとをどうとらえ、結びつけていくべきか、オーストリア林業の具体的実践例から学び、それによってこれからの日本林業の指南書となるよう、また同時に、森林・林業・環境分野に携わる関係者、森や山村地域に興味を持つ一般市民、政策計画者・決定者にとってもこれからの国家の森林セクターと国土保全のために重要な要素を把握するための道しるべになることを念頭に執筆した。

なお本書は、ここ5・6年間の現地調査をベースにまとめたものであるが、この間、ユーロの円に対する為替レートはおよそ115～145円の幅で推移している。しかしここでの換算は、比較しやすさの観点から、便宜上1ユーロ＝135円に統一した。

2020年3月20日

編著者　青木健太郎

同　　植木達人

もくじ

第1章　オーストリアという国

まず、オーストリアの森林セクターを理解する上で必要な、国の成り立ちや自然・環境の概要について述べてみたい。地形・地質や土壌、気候は植物・植生に大きな影響を与える。特に生物相の多様性の違いや、天然更新の難易度、成長量の違いは、その地域の立地条件に委ねられる。この章では森林経営の基礎となる自然的条件やそれらの制約について見てみよう。

1-1　ヨーロッパ・アルプスに抱かれた山岳と湖水の国

(1) 3つの地理的地域

オーストリアは、中部ヨーロッパに位置し、西はスイス、南はイタリア、スロベニア、東はハンガリー、スロバキア、北はドイツとチェコに接する内陸国である。国土は、東西に573km、南北294km、総面積8.4万 km^2 であり、北海道とほぼ同じ大きさである。ブルゲンランド、ケルンテン、ニーダーエステライヒ、オーバーエステライヒ、ザルツブルク、シュタイアーマルク、チロル、フォアアールベルク、ウィーンの9つの州から構成される連邦共和制国家で、連邦の首都は北東部に位置するウィーンである（図1-1）。

オーストリアは、ヨーロッパ・アルプスの山岳地帯、パンノニア平野と呼ばれる低地（盆地）およびボヘミアン森林地帯の3つの異なる地理的地域に分けられるが、アルプスの存在により標高500m以上の地域が7割を占める。オーストリアの中央から西域に位置するアルプス山岳地域は国土の6割以上を占め、3,000m級の頂きが連なっている（図1-2）。この地域はアルプスの雪に覆われた起伏の激しい山塊と氷河地形で、山麓にはドイツトウヒやヨーロッパカラマツといった針葉樹を中心とした森林が広がる。ちなみにオーストリア国内の最高峰は、ザルツブルク州、ケ

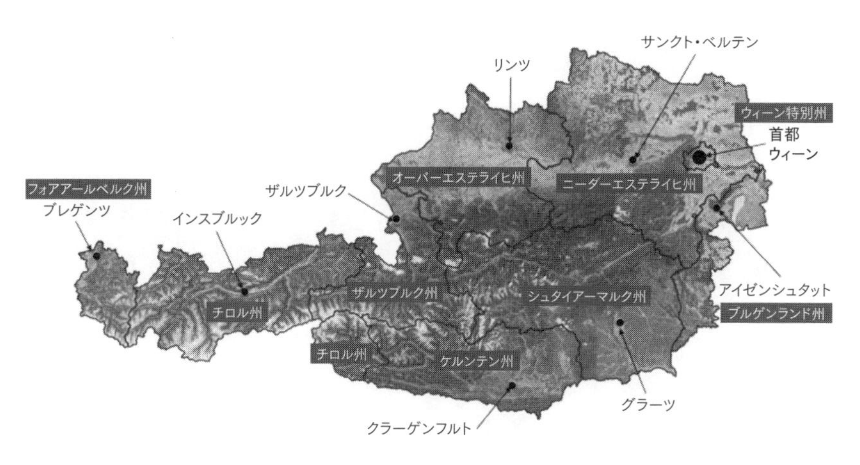

図 1-1　オーストリアの州と州都

［出所：オーストリアのデジタル土壌図基図（BFW）をもとに作成］

図 1-2　標高 900m にある山村と標高 2,000m 級の石灰岩山系（ザルツブルク州ヴェルフェンヴェング村：左）と標高 800m にある谷部の景観（チロル州エッツ村：右）　［写真提供：青木健太郎］

ルンテン州、チロル州の東チロルにまたがる標高 3,798m のグロースグロックナー（Großglockner）で、この一帯はホーエ・タウエルン国立公園に指定されている。

(2) ドナウ川と大地を潤す多くの河川と湖沼

オーストリアには 2,194 河川があり（図 1-3)、河川ネットワークは約 10 万 km で、平均ネットワーク密度は 1.2km/km^2 となっている[*1]。このうち、ヨーロッパで 2 番目に長い河川であるドナウ川（全長 2,850km）は、交通の要として、また観光

図 1-3　オーストリアの主要河川　　［出所：オーストリアのデジタル土壌図基図（BFW）をもとに作成］

資源や水源として最も重要な川である。

さらに、オーストリアには1haを超える約2,140の湖や人工湖、貯水池があり、これらの水域の総面積は約613km^{2}と国土面積の約0.7%に相当する。50ha以上の面積を持つ湖は62湖あり、そのうち43は天然湖、19は人工湖である。天然湖は南部とザルツブルクの東方を中心に分布している。

(3) 氷河由来の単調な地質構造と複雑な土壌

ヨーロッパ中央部の地質は、大陸の安定地殻（安定した大陸地質）による古生代や中生代の古い地質で、断層も少なく、日本よりも単調な地質構造である（図1-4、口絵P.i）。また、ヨーロッパの主要な地域は、氷河期に氷河に覆われていた地域で、氷河が移動するときにその底面の土や岩石を削剝（氷河の流動による侵食＝氷食）したため、氷河が融けた後には新鮮な岩盤が露出する等、典型的な氷河地形を有する。したがってヨーロッパの地形・地質は比較的安定している。

土壌は、ドナウ川流域の穀倉地帯に広く黒色土が分布し、森林地帯では砂質系の褐色土が、河川や湖沼および水はけの良くない地帯にはグライや疑似グライが、アルプスの高標高域にはポドゾル（図1-5）が分布する。また、泥炭土壌、石灰岩質炭酸塩土壌のほか、日本の土壌分類にはあまり見られない古土壌（ローボーデン

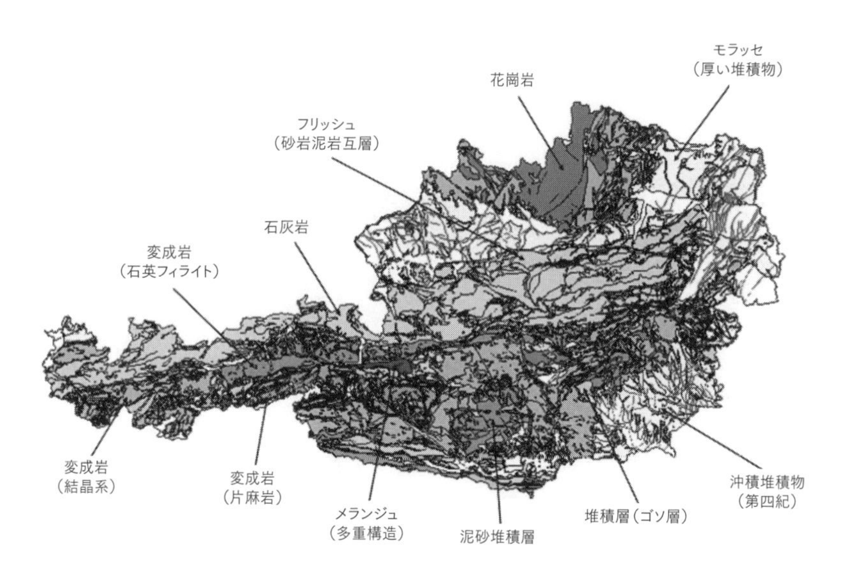

図 1-4　オーストリアの地質図
[出所：連邦地質調査所、連邦教育科学研究省 BMBWF オーストリア地質図（https://www.geologie.ac.at/services/web-services/）]

図 1-5　ポドゾル土壌
ポドゾル土壌は冷温帯、亜高山帯に位置し、堆積有機物層が発達して、溶脱層（E 層）、溶脱斑または溶脱の兆候を示す A 層と、鉄や腐植の集積層（Bhi 層、Bi 層または Bh 層）を持つ。一般に強酸性を呈し、塩基類に乏しい貧栄養な土壌。　[写真提供：松澤義明]

〈Rohboden〉という古生代の陸成土壌や、ジュラ紀相当R/W間氷期のクレムス〈Krems〉土壌生成期[*2]の土壌）なども分類されている。

1-2　日本より少ない降水量と低い気温

オーストリアの気候は、西および北西では大西洋の気候の影響をより強く受け、東は大陸性の気候の影響を受ける。オーストリアのケッペン気候区分[*3]によると、低標高地帯では西岸海洋性気候（Cfb）に、山岳地帯の気候は亜寒帯湿潤気候（Dfb）に分類される。

過去30年間（1988～2017年）の平均気温は、首都ウィーン11.2℃、グラーツ10.1℃、ザルツブルク9.7℃、インスブルック9.4℃であり、各地域とも最も寒い月は1月で、暑い月は7月となっている[*4]。

また、過去30年間（1988～2017年）の平均降水量は、首都ウィーン661.0mm、グラーツ918.2mm、ザルツブルク1,328.5mm、インスブルック996.9mmで、東部地方は600mmと少ない[*5]。また4月から9月の夏期は年間降水量の60％を占め、10月から3月の冬期が40％となっている。

オーストリアやドイツの森林は年間を通して降水量が少なく、気温が低いため植物種数が少なく、植物間の競争が少ない環境にある。例えば、カラマツを植林した場合、樹冠を早く閉鎖して単層林として成長していくため、2～3年の下刈りで初期保育作業は終了する。一方で、オーストリアでは気圧配置により、数年に一度大

図1-6　2007年5月のスイス・ドイツ・オーストリアにまたがる広域に発生した風倒被害（ウィーン水源林Wildalpen：左）と、シュタイアーマルク州で2016年7月に起こった風倒被害木（右）
［写真提供：（左）Austrian Armed Forces、（右）青木健太郎］

規模な風倒木被害や雪害などが発生する（図1-6）。そのため短期間で被害木が大量に出回り市場価格の暴落を引き起こす。

1-3　林業と関わりの深い動植物

日本とオーストリアでは、生物相の多様性の度合いが異なる（表1-1）。オーストリアの維管束植物の種数は日本の4割程度でしかない。また哺乳類は63%、鳥類や両生類は30%台、爬虫類においてはわずか14%である。なおタケ・ササ類はオーストリアには存在しない。

表1-1　オーストリアの動植物数　（単位：種数）

区分／国	哺乳類	鳥	爬虫類	両生類	淡水魚	維管束植物	蘚類	地衣類
オーストリア（A）	**101**	242	14	20	84	**2,950**	1,016	2,100
ドイツ	93	264	13	22	93	3,272	1,121	1,794
スイス	83	205	19	19	70	2,613	996	713
日本（B）	**160**	700	98	66	400	**7,000**	1,800	1,600
A／B（%）	**63**	35	14	30	21	**42**	56	131

［出所：OECD（2018年）生物多様性：脅威種、OECD環境統計（データベース）、https://doi.org/10.1787/data-00605-en, 取得2018年8月18日］

森林・山岳生態系にはノロジカやアカシカといったシカ科哺乳類をはじめ、イノシシ、シャモア、アイベックス、ヨーロッパ・ムフロン、ヨーロッパオオライチョウなどの野生生物が生息する。

一方、森林保護上の観点から見ると、ドイツトウヒ林に大発生するキクイムシ（*Ips typographus*）の動態モニタリングが特に重要となっている。風倒被害木などを早急に除去しなければキクイムシが飛来し、甚大な森林被害を招く恐れがある。風雪等の気象害による被害木と甚大なキクイムシ被害は、図1-7のとおりで、特に2002年、2007年、2008年に大量発生し、2007～2008年では900万～1,000万m^3の被害をもたらした（図1-8）。その他にもトネリコの先枯れ病の発生が拡大しつつあり、森林保護における大きな問題[*6]となっている。

さらにノロジカやアカシカの樹木への食害、剝皮被害が発生しており、対策として、特に重要な植栽地や天然更新地ではネットの使用も行われている。

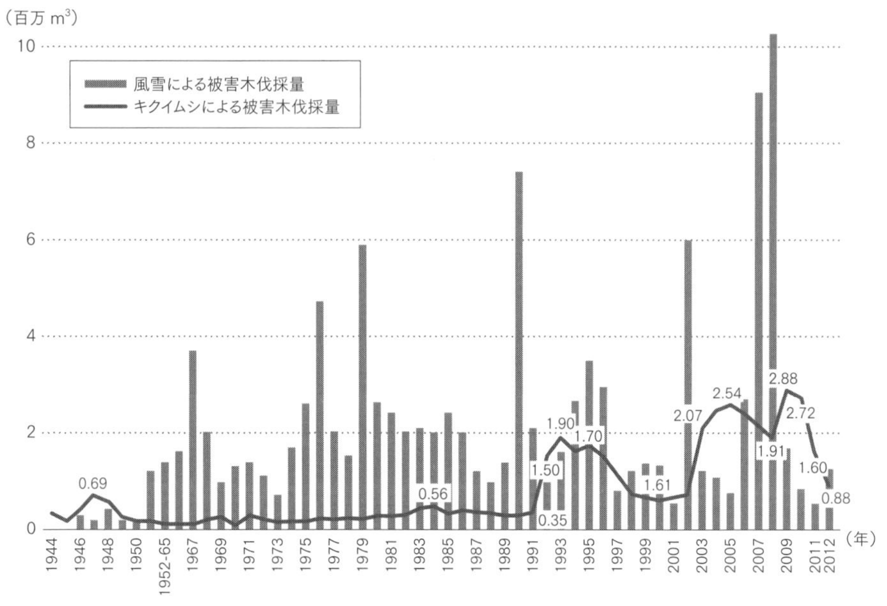

図 1-7　風雪による被害木の材積とキクイムシ被害木の年変化（1944 ～ 2012 年）

［出所：Waldbericht 2015, P.46.］

図 1-8　キクイムシとその被害を受けたドイツトウヒの樹皮

［写真提供：（左）Willkommen in Tirol の資料より、（右）松澤義明］

1-4　森林面積・蓄積・主要樹種

森林面積は、高標高地の放牧地をはじめとする条件不利地域の放棄などにより戦後一貫して増え続け、現在では399万haに達し、国土の47.6%を占めている（図1-9）。また森林の平均蓄積は310m³/haであり、日本の平均蓄積のおよそ1.5倍である。

図1-10は市町村別の森林の平均蓄積量（ha当たり）を見たものである。北部（ニーダーエステライヒの西地域とオーバーエステライヒ州）から中央東部（シュタイアーマルク州）、南部（ケルンテン州）にかけて高蓄積の自治体が多く、シュタイアーマルク州、ケルンテン州はともに州面積の60%以上を森林が占め、林業が盛んな地域である。逆に北東部のウィーン周辺地域や西部山岳地域（ザルツブルク州やチロル州）は相対的に低い。

またオーストリアは広域的にはブナやナラ類で形成される冷温帯落葉広葉樹林帯に位置するが、60%以上は針葉樹林である。特に亜高山帯・高山帯はドイツトウヒやヨーロッパカラマツ、モミ、センブラマツ（*Pinus cembra*、ドイツ名はZirbe）などの針葉樹が見られ、高標高地では針葉樹の純林が構成される場合が多い。広葉樹林や針広混交林は河畔やオーストリア東部の低地（パンノニア平地）、

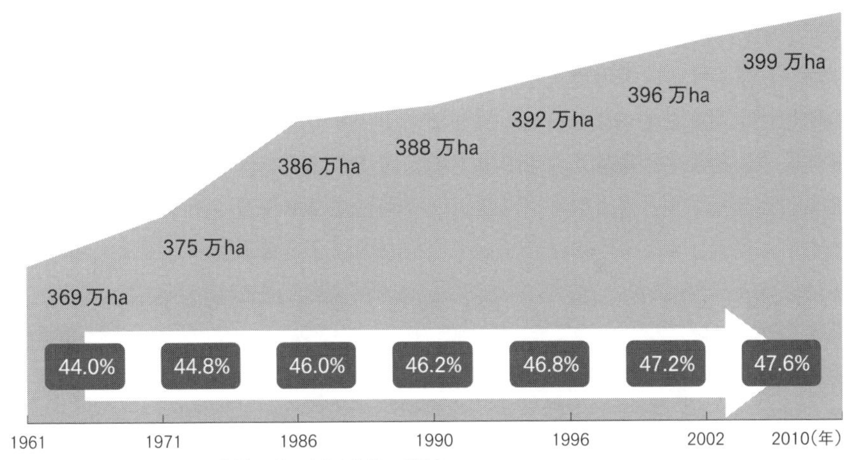

図1-9　オーストリアの森林面積と対国土比の推移
1961年から2010年の50年の間に、オーストリアの森林面積は約30万ha増加した。
［出所：Waldbericht 2015, P.28.］

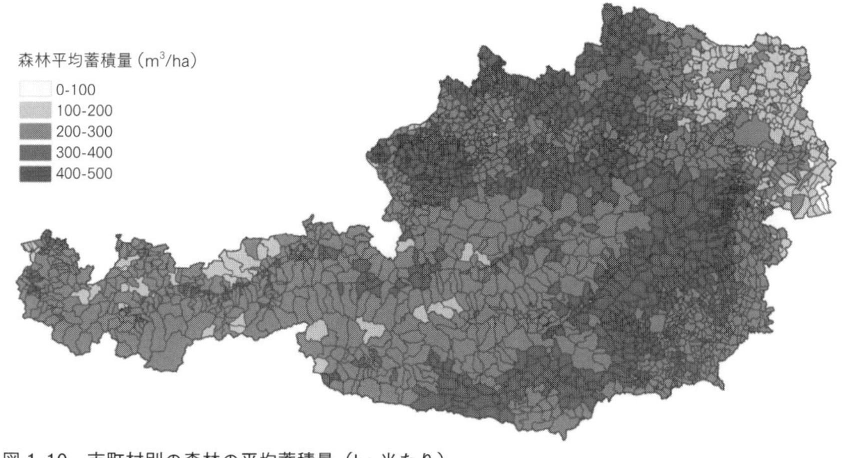

図 1-10　市町村別の森林の平均蓄積量（ha 当たり）

［出所：http://bfw.ac.at/rz/wi.karten, 2019 年 12 月取得］

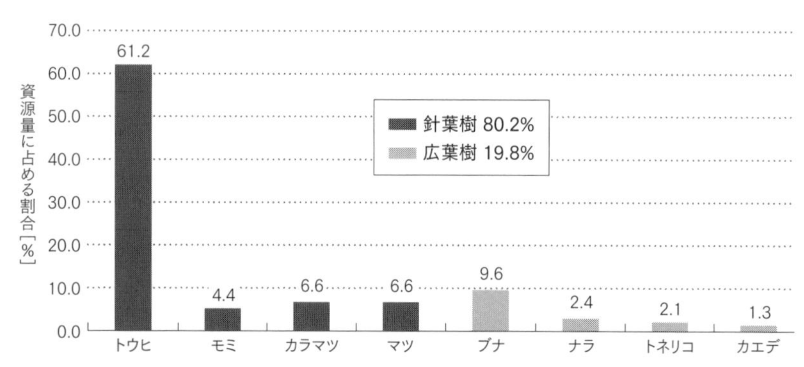

図 1-11　オーストリアにおける樹種別森林資源構成

［出所：Ministerium fur ein Lebenswertes Osterreich Data, Facts and Figures 2016, p.16 を一部修正］

南東部に広がっている。

オーストリアで一番多く見られる樹種はドイツトウヒであり、全森林面積のおよそ半分を占め、資源量（蓄積量）は 61.2％に上る。次に多い樹種はヨーロッパブナで 9.6％である。その他の主要樹種としてモミ、ヨーロッパカラマツ、マツ類、ナラ類、トネリコ、カエデ、ポプラなどが見られる（図 1-11）。このように構成樹種

図 1-12　寒冷な環境に育つゴヨウマツの一種センブラマツ（*Pinus cembra*）
このマツはヨーロッパ・アルプスの高標高地に生育し、樹高は 35m、樹齢は 800 年に達する。ホシガラスはこの種子 20 ～ 30 粒を口に溜め込み、冬の食料として地中に埋めて保存する習性がある。その中の忘れられた種子が越冬し発芽することで、種子が拡散していく。したがってセンブラマツの群落はグループ状に生育している。材の利用については第 3 章を参照。　［出所：Wikimedia］

の数は少なく、針葉樹が優先し特にドイツトウヒの資源量が圧倒的に多くなっている。

オーストリアで現在見られる森林の大部分は林齢 200 年以下の林分で構成されており、過去数百年の間に樹種構成が大きく変化した。現在の森林の多くは針葉樹種で構成されているが、中世にはオーストリアの低標高地域はナラやブナなどで構成される広葉樹林が広がっていた。現在私たちが目にするオーストリアの森林の多くは、ドイツトウヒなど商業用針葉樹種の造林などによって人の手が入り、時代の流れとともに森林の構成要素が変わってできたものである。

1-5　社会と産業、地方自治体の特徴

(1) 日本との関わり

日本とオーストリアは、1869 年にオーストリア＝ハンガリー二重帝国と修好通商航海条約を締結して以降、外交関係を樹立し、伝統的に友好な関係[*7・8]にある。また、1955 年のオーストリアの永世中立国の宣言に対して日本は最初に承認を行い、日本国とオーストリア共和国は再び国交を樹立した。1990 年には日本・オーストリ

ア外相会談での合意による「将来の課題のための日・オーストリア委員会」が設けられ、これまで23回（2019年9月時点）の会合が開催されている。日本とオーストリアの交流発展の大きな支えになっているのは、30ヶ所におよぶ日墺間の姉妹都市締結、18地域にある日墺協会、さらに大学・学校間および美術館同士のパートナーシップ等がある。

また、オーストリアにとって日本はアジア第2位（2017年度）の貿易相手国である[*9]。その内訳を見ると、日本からオーストリアへの主要輸出品目は、機械・輸送機器（自動車・同部品、産業用機械、電気・電子機器等）が全体の7割を占めており、その他は化学品（有機化学製品等）や計測機器である。またオーストリアからの主要輸入品目は、機械・輸送機器（自動車・同部品、産業用機械等）、原料別製品（金属製品、木材製品）、化学品（医薬品等）となっている。

(2) 地方自治の特徴

連邦憲法において市町村は地方自治体を意味し、すべての州もその中に区分される。市町村は自治行政権が保障された地域共同体であると同時に、地方行政の単位となる区域である。2005年時点でオーストリアには99の郡と2,359の市町村があり、村の人口は数百人規模から数万人規模まで大小様々である。しかし全国の市町村の平均的な人口規模は約3,400人であり、極めて小規模の自治体が多い。驚くことに人口2,000人以下の市町村数が1,488で全体の63.1%を占めており、人口割合も全体の20.6%に達する。同様に人口1,000人以下の市町村数も599で全体の25.4%を占めている[*10]。

オーストリアでは1960年頃まで市町村数は4,000を超え、合併はほとんど行われなかった。しかし1960年頃から70年後半は、西欧全体において行政のコストを削減し行政の効率を高める時代を迎え、オーストリアにおいても1961年から71年の10年間に3,999市町村から2,656市町村へと大幅に減少した。この時期の市町村改革の主な目的は、すべての市町村が最低限のサービスを提供可能となるよう、最も小規模の市町村（Kleingemeinden、Kleinstgemeinden）を廃止し、合併により規模を拡大することであった。また小規模の市町村に対する連邦共同税の配分が不利となったことから、多くの市町村は人口1,000人超を目指すことになった[*11]。

しかしそれ以降、効率性の追求やコスト削減を志向した市町村合併は、地域共同体における民主主義の重要性の観点から見直しを迫られるようになり、地域のアイデンティティーの喪失、市町村の決定に地域住民が参加できないこと、また財政的なメリットもほとんどなかったことから、合併市町村から分離して再び独立する市町村も出てくるようになった[*12]。2018年現在の市町村数は2,098である。

こうした経緯を地域的に見るならば、オーストリアの西部山岳地帯に位置する州では市町村合併は行われず、オーストリアの東部に位置する州で積極的に行われてきたことがわかる。西部山岳地帯の各州は比較的保守的であるといわれているが、そうした地域的体質がこのような結果をもたらしたことをうかがわせて興味深い[*13]。

チロル州で日本のように市町村合併をしないのかと聞いたことがあるが、ここではありえないという。おそらくこれまでの権力支配や紛争にもがき苦しんできた時代を乗り越え、自分たちが平和と主権を勝ちとってきたという歴史を刻んだ土地であり、チロル人としての郷土への愛着心、アイデンティティーが強いからかもしれない。地元の人はどの村に行っても自分たちの村に誇りを持っている。チロル州で出会ったバスの運転手は3世代前に移住してきたのにまだよそ者と呼ばれる、と言

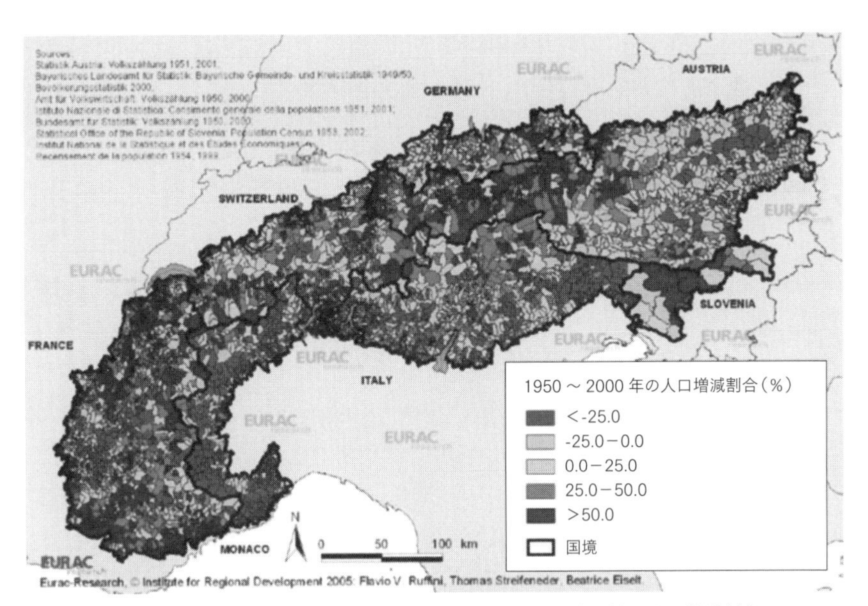

図1-13　ヨーロッパ・アルプス地域の1950～2000年までの各市町村の人口増減割合
［出所：EURAC、2005］

っていたのが印象的であった。

1950年から2000年までの50年間の、山岳文化景観が広がるヨーロッパ・アルプス地方（フランス・イタリア・スイス・オーストリアの山岳地域）における各市町村の人口増減を見てみると、図1-13（口絵P.i）のとおりである。ここでオーストリア（図の右上部分）のみに着目してみると、一般に西部山岳地域の市町村の人口は増加（茶系色）しており、東部地域は減少（青系色）している市町村が多い。人口増加傾向は西高東低と明瞭である。人が村に居住し続けたり移入・移出したりする要因は、インフラ整備や雇用の場へのアクセスの有無や観光収入の差などいろいろ考えられる。

1：BMNT（2018）国内外の水管理 Division IV / 3 -2011.10.24日　https://www.bmnt.gv.at/wasser/wasser-oesterreich/zahlen/fluesse_seen_zahlen.html

2：松井健（1964）古土壌学の動向と課題、第四紀研究第3巻第4号、p235、昭和39年8月

3：Climate Change & Infectious Diseases Group(2018)HIGH RESOLUTION MAP AND DATA (VERSION MARCH 2017), WORLD MAPS OF KÖPPEN-GEIGER CLIMATE CLASSIFICATION, http://koeppen-geiger.vu-wien.ac.at/present.htm

4：気象庁（2018）世界の天候　http://www.data.jma.go.jp/gmd/cpd/monitor/index.html

5：気象庁（2018）世界の天候　http://www.data.jma.go.jp/gmd/cpd/monitor/index.html

6：リヒテンシュタイン財団へのヒアリングより（2016.11.9実施）

7：外務省（2018）オーストリア共和国　http://www.mofa.go.jp/mofaj/area/austria/index.html

8：在日オーストリア大使館（2018）二国間関係　https://www.bmeia.gv.at/ja/oeb-tokio/oesterreich-in-japan/

9：ジェトロ、世界貿易投資報告2018年版　https://www.jetro.go.jp/world/europe/at/

10：オーストリアの地方自治、財団法人 自治体国際化協会、平成17年、p.11-12

11：前掲10、p.127

12：前掲10、p.127

13：前掲10、p.128

第2章　持続可能な森林経営を支える制度設計

本章では、オーストリアの持続可能な森林経営を支える法制度・計画制度・補助金政策について説明する。EU（欧州連合）の森林関連法と連動しながら、オーストリアの森林法は世界で最も厳しい森林法の一つであるといわれている。この現行森林法の中で持続可能な森林経営の方向性が示され、そのもとで精緻で明快な定義と、森林経営を実践するための様々な計画制度が整備されている。また森林の公益性・公共性を保障する仕組みとして補助金制度に注目する。こうした森林法と計画制度が森林経営の要として位置づけられているオーストリア林業を理解することで、日本の課題がより鮮明に浮かび上がってくるであろう。

2-1　世界で最も厳しい森林法の一つ

(1) EU法・連邦法・州法の従属構造

EUの森林に関する法令には、例えば生息地と動植物の保護のためのEU加盟国共通のルールである生息地指針[*1]、1999年に公布された林木育種資源の生産・流通・取り引きに関する森林育種資源指針[*2]、2013年から施行された違法伐採木材の貿易を取り締まるための新しい規則であるEU木材規制[*3]などがある。こうしたEUの法令は、加盟国にとって上位法として位置づけられ、これを遵守する義務がある。

連邦に帰属している森林関連の法令には、1975年に公布されたオーストリア連邦森林法[*4]や2002年に施行された連邦森林育種資源法など、いくつかの連邦規程がある。

連邦と州との間に生じる専属的・従属的な立法権と執行権の帰属は憲法に規定されている[*5]。州に帰属している条例の例としては、自然保護法、建築法、狩猟法、土地取引法などがある。森林関連では、チロル州の森林条例、シュタイアーマルク州

図 2-1　チロル州の森林監理官による選木
伐採予定の立木の幹と根元の樹皮を刻印付きハンマー斧（Waldhammer という）で削り、そこに刻印を打つ。伐倒した幹と残った切り株の刻印を符号・確認できるようになっている。
［出所：チロル州政府 HP］

の森林保護条例、オーバーエステライヒ州の林地分割に関する条例などがある。

チロル州の森林条例においては市町村にある森林を行政管理するために、森林監督区域という森林区域を行政区分ごとに設け、市町村が森林監理官（Forstwart、チロル州やフォアアールベルク州では Waldaufseher と呼ぶ）という連邦森林法で定められた森林専門職を配置する際の詳細が規定されている。

またチロル州やフォアアールベルク州などのオーストリア西部の山岳地域の州で特徴的なのが、伐採申請時に選木義務があることである。チロル州の条例の場合、計画伐採量と面積が規定規模以上の場合等のいくつかの例外を除いて、森林監理官が現場で立ち会って選木を行う。森林監理官が選木するときには、それぞれの森林監督区域の木材が、どの区域で伐採されたか識別するための特殊な刻印付きハンマー斧を使う（図 2-1）。フォアアールベルク州では条例においてそれぞれ森林監督区域で使用する刻印の形状が決められている[*6]。

市町村レベルの条例についても、連邦と州との帰属関係と同様な、段階構造の立法権と執行権が規定されている。市町村レベルの条例として、オーバーエステライヒ州リンツ市が制定した都市域の森林火災対策条例などがある。

(2) オーストリア連邦森林法の歴史と概要

ドイツ語圏では 18 世紀後半から 19 世紀前半にかけて、森林に関する学問体系の中に木材生産と森林施業の最適化に関する定性的・定量的な研究手法が取り入れられるようになった。さらに 19 世紀後半には樹木生理や土壌学などの研究が進み、造林手法の基礎が出来上がった。そのような専門的な知見の蓄積を通じて、まだ皆伐施業が主流だった 1852 年にハプスブルク帝国の森林法が制定され、その中に育林と保育による林分再造林の規則が一つの法制度として体系づけられた[*7]。この森林法には林分の再造林の規則、林分整備規則、刈り敷採取の制限、間伐の実施、幼樹林の利用禁止などの条項と罰則規定が織り込まれた[*8]。

19世紀以前の森林利用に関する規則は、制度としての規程が記録としていくつか残っているが、1852年の森林法が、オーストリア最初の法体系としてまとめられた法律であり、その効力は1975年に公布された新連邦森林法が施行されるまで、100年以上にわたって続いた。

1852年にオーストリア最初の森林法が制定されてから160年以上経過したが、現在までオーストリアの森林法が一貫して規定していることは、持続可能性の原則に基づいた、森林を維持するための枠組みである。

連邦森林法は1975年の初版以降、部分的に改正が行われてきているが、法律の骨子は現在も変わっていない。特に2002年の森林法改正では、1993年にヘルシンキで行われた欧州森林閣僚級会合決議（ヘルシンキ・プロセス）による持続可能な森林経営の原則を反映させ、持続可能な林業の法的枠組みをさらに明確にした[*9]。また天然更新誘導による造林指針などがより細かく条項化され、森林経営において生物の多様性を保つための生態学的な側面などが一層強調された。

現行森林法の目的は、①森林と土壌の保全、②土壌の生産能力を維持し、森林計画で定めた森林機能の持続可能性を確保し続けるための森林の整備、③持続的な森林経営を確実にすること、である。まさに連邦森林法は現代オーストリア林業の制度設計の柱である。

オーストリアの森林法は規定遵守に対する刑事罰も含み、世界で最も厳しい森林法の一つであるといわれている。現地を訪れたときには、「オーストリアの森林法は厳格である」としばしば聞かされた。その基本は「持続可能である」こと、そのための森林経営・計画の方向性は森林法に定義され、「森林は森林として守らなければならない」との基本原則のもとで実践される。

なお現行の森林法（1975/2002改定）は、持続可能性の意味や森林の定義等の総則から始まり、12章185条項で構成されている。

以下、オーストリアの現行森林法を理解する上で重要な条項をいくつか挙げておこう。

・総則（第１章第１条）
「人間と動植物のための生命空間にとって必要な機能を有する森林は、オーストリアの生態的、経済的、社会的発展になくてはならない基盤である。その持続的な管理・保育・保全は、木材生産、災害保全、環境保全、保健保養に関する森林の多面的機能を保障するための基本原則である」とうたっている。さらに、「持続可能な森林管理とは、現在から将来まで、地域、国家そして世界レベルで他の生態系を損なうことなく、環境、経済そして社会的機能を満たし、生物の多様性、生産能力、再生能力、生命力さらに潜在能力が永続的に維持される手段と規模で、森林の保育と利用を行うこと」としている。

・森林の定義（第１章第３条）
森林とは、法律が指定する樹種で構成される林地、10m 以上の幅があり最低面積が 1,000m^2 である林地をいい、30 年以下の短期伐採周期で利用されている林地は森林とみなされない。

この定義に基づいて森林として登記された土地は、現在すべてオンライン化され、ネットで閲覧することができる（図 2-2）。

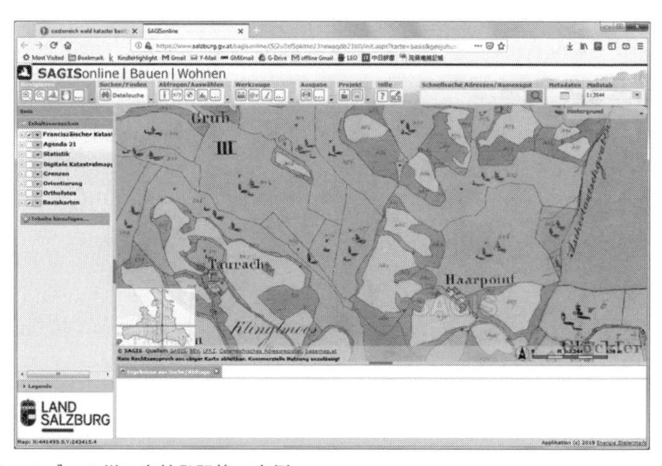

図 2-2：ザルツブルク州の森林登記簿の事例
［出所：ザルツブルク州 SAGISonline システム（https://www.salzburg.gv.at/sagismobile/sagisonline)］

・森林空間計画（第2章）

森林法が定めるオーストリアの森林計画には、第9条森林開発計画（Waldentwicklungsplan：WEP)、第10条森林管理（専門）計画（Waldfachplan：WAF）と第11条危険区域計画（Gefahrenzonenpläne：GZP）の3種類がある。GZP作成は森林法の中で義務化されているが、このことは、森林法が森林による災害保全機能の有効性を、森林を一つの土地利用としての意味合いの中で包括的に取り扱っているためである。WEPとWAFについては次節以降を、またGZPは第6章を参照されたい。

・森林の保続のための造林義務（第3章第13条）

森林法は森林所有者に、木材生産あるいは風倒被害や雪害による皆伐跡地等において、母樹となる立木が不十分な林地への再造林を義務づけている。立地に適した樹種の播種あるいは植栽による再造林義務は、最長で5年以内に適切に行わなければならない。もし種子や萌芽などで天然更新の誘導による林地の再生が10年以内に可能な場合は、天然更新が推奨される。天然更新による再生が確実とみなされるための条件は、対象となる林地において少なくとも3度の生育期間を経て稚樹が生育し、造林学上必要とされる個体数があることが示され、かつ今後の天然更新がさまたげられる危険がない場合である。

・林道の定義（第5章第59条）

森林法における林道の定義は大変シンプルである。林道とは、林分から公道までをつなぎ、1年以上敷設され、盛土が路面で0.5m以上あるいは幅3分の1以上が砂利敷きあるいは舗装され、トラックあるいは車両系機械が通行できる公共性のない道路のことを指す。林道は法で定める森林の多面的機能を維持し、生態的・社会経済的に森林を持続的に経営するための基本となる前提条件である。詳しくは第3章を参照されたい。

・皆伐面積の制限（第6章第82条）

基本的に高齢となった高木林の大面積皆伐は禁止されており、小面積皆伐のみが認められている。伐期に達していない60年生以下の林分の皆伐や林分被覆が0.6

図 2-3　小面積の皆伐が分散的に実施されている（風倒被害伐採跡地も含む）

［写真提供：青木健太郎］

を超える択伐も禁止されている。森林土壌の地力・保水力を永続的に低下させ、森林の保全機能を危険にさらすような皆伐は禁止されている。風倒木被害地などの例外を除いて皆伐が許される面積は、林分区画の幅が50m以下の場合は、区画長は600mを超えてはならない。林分区画の幅が50m以上ある場合は、皆伐面積は2haを超えてはならない（図2-3）。

・森林専門職の林業事業体への配置義務（第8章）

2002年の法改正では、森林面積1,000ha以上を有する森林所有者は、国家資格を有する森林専門職をフルタイムで配置し、森林を管理させることを義務づけている。こうした制度を採用している国はEUでは唯一オーストリアのみである。森林法で定められた国家資格には森林監理官、森林官、林務官という3つの職種がある（詳細は第9章を参照）。

・罰則規定の例（第12章第174条）

法律の禁止規定では、森林火災予防や土砂・落枝の採取、家畜の放牧に関する罰則など90近くの罰則項目がある。いくつかの特徴的な罰則対象事例を挙げるならば、森林の再造林あるいは天然更新の誘導を行わない者、無許可で伐採・集材を行った者、公的選木マーク、境界マーカー、里道、柵、作業小屋、林業作業機械・機材・器物を破損した者、立木、根、枝、倒木、植栽木などを破損・損傷させた者、許可されていない条件下でのスキールート確保のための伐採を行った者、森林を荒廃させた者等多岐にわたっている。特に規定の森林専門職を配置しない者には7,270ユーロ（約100万円）の罰金もしくは最長4週間の有期刑に科せられる。また木の実やキノコの採取が一日当たり2kgを超えた者、キノコやベリー類の採集行事を実施した者あるいは行事に参加した者には罰金730ユーロ（約10万円）か最長2週間の有期刑が科せられる。

2-2　森林計画制度

オーストリアでは自然や立地環境に起因する森林の構成・構造や成長力の違いを、森林の管理・経営に反映することが大前提であり、加えて歴史的に人工林が増大したことの弊害を認識している。そのため、環境への適切な対応と自然への回帰が、森林経営を実践する上での中心的な考えとなっている。

ここでは計画制度の目的である森林の多面的な機能を保障するための根拠として重要となる、オーストリアの森林生態学的な考え方と森林調査法について確認しておく。

(1) 材木育種のルールと産地別成長区分という考え方

オーストリアでは生態学的な森林立地と森林植生の観点から、気候区分、地質・土壌区分、標高区分、自然森林植生類型による林木の産地別成長区分（Wuchsgebiet）という考え方が林業に適用されている[*10]。これは適地適木を実際の造林事業に反映させるために重要である。ドイツトウヒを一つの例にとると、多雪地帯を産地由来とするドイツトウヒかそうでないかによって、樹冠の形状が異なっていることがわかっており、雪の少ない立地に適応したドイツトウヒを多雪地帯に人工植栽した場合、植栽木が雪に弱く雪害被害を拡大してしまう恐れが出てくる。つまり適切でない産地由来の種苗を使って人工造林を行うと、森林経営上だけでなく、防災、森林保護、生態系に大きな問題を引き起こす危険がある。

オーストリア連邦は、1999年にできた林木種苗資源の取り引きに関するEUの指針を執行するために、2002年に連邦林木育種資源指針を制定した。その目的は森林機能の維持・改善、林業の振興、森林遺伝資源の持続可能な利用のために、高品質で産地起源が識別された林木育種資源の確保を確実にすることである。法律では森林で使用が許可されている種苗の生産・流通・取り引きに関して詳細な基準と罰則を定めている。ちなみに流通目的で未許可の種苗を生産した場合には3万ユーロ（約400万円）、流通させている種苗の遺伝起源の偽証は5万ユーロ（約670万円）の罰金が科せられる。林木の産地別成長区分の考え方は連邦森林育種資源指針の科学的根拠になっている。

また、オーストリアではこの産地別成長区分は国内を９つの主産地区域に分類し、さらに22区域に細分類している（図2-4）。標高区分は、低地域から高山地域まで7段階に分類している。種子などの種苗素材を確保するときは、特定の成長区分地域の標高区分内で使用許可されることが法令で定められている。アルプス山系が国の約半分を占めて東西を横断しており、山脈の北側と南側では気候帯や局地気象が異なるため、森林限界の標高は一般的に山脈北側の方が南側よりも低い。したがって分類する標高は成長区分地域によって当然異なることになる（図2-5）。

森林立地学の観点から見ると、局地的な気候条件、地質・土壌条件、標高は樹木の生育に大きな影響を及ぼす環境因子である。中央ヨーロッパでは森林植生分類学が歴史的に根づいており、その伝統に基づいた潜在自然森林植生（Potentielle

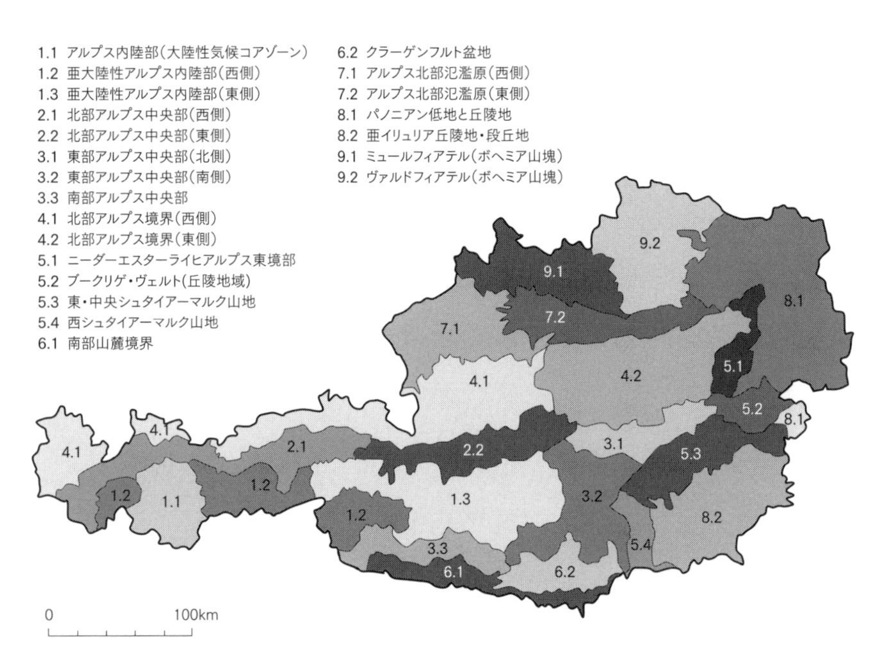

図2-4　オーストリアの成長区分図

気候区分・地質・土壌区分・標高区分・自然森林植生類型に基づき林木の産地系統を９つの主産地区域に分類している。計22の細分類区域がある。

［出所：Kilian, W.; Müller, F.; Starlinger, F.（1994）: Die forstlichen Wuchsgebiete Österreichs. Eine Naturraumgliederung nach waldökologischen Gesichtspunkten. FBVA-Berichte 82/1994］

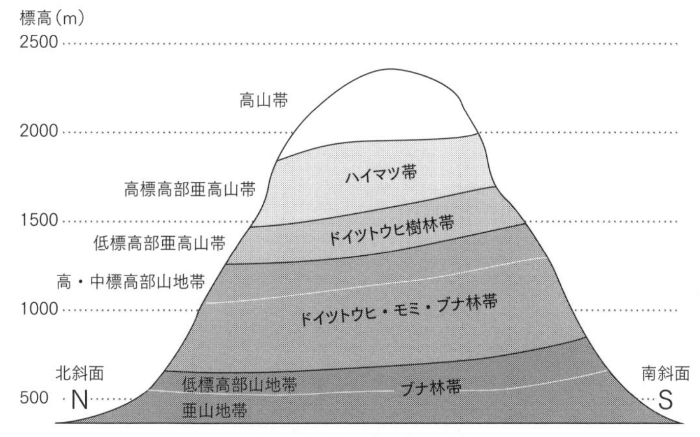

図 2-5　ヨーロッパ・アルプス山脈の北側と南側での標高区分と森林植生帯概念図
森林限界は山脈北側の方が南側よりも低い。
［出所：BFW; https://www.waldwissen.net/waldwirtschaft/waldbau/standort/bfw_wuchsgebiete/］

natürliche Waldgesellschaft）という考え方が持続可能な森林経営を行う際に用いられる。例えば、森林所有者が林種転換を行うときの造林学的な樹種構成はどうあるべきか、森林所有者が人工植栽しようとしている樹種は果たしてその立地に適切なのか、どの産地の種子や苗木を使うべきか、林分の安定度はどのようなリスク要因のもとで評価すべきかといった実務的な判断基準を示してくれる。具体的には森林助成のスキームにおいても樹種ごとの混交率を補助金で誘導するときの要素として反映されている。また森林認証制度の認証グループの地域区分にも利用されている（第8章参照）。オーストリア林業における適地適木の考え方はこのような生態学的視点から諸制度に織り込まれている。

(2) 森林の自然度を把握する“ヘメロビー”という考え方

オーストリアでもその立地に合っていない人工植栽林分を見かけることがある。自然に存在する生態系が維持されている土地の度合いを評価する指標として自然度（ヘメロビー：Hemerobie）という概念がある。オーストリアの森林に対して、森林生態系にどれくらい人為的影響が入っているのか、あるいはどれくらい自然に近いのかという問いに答えるため、潜在自然森林植生に対する樹種構成の自然度、下層植生の自然度、枯死木量、人為的開発強度などいくつかの指標を考慮し、全国の森林の自然度を評価している[*11]（図 2-6、口絵 P.ii）。

オーストリアの森林の 25% が「近自然・自然な林分」、41% が「中度に人為的影響を受けている林分」、34% が「人為的影響を強度に受けている林分（完全に人工的な林分）」であることがわかる。ちなみに人為的影響を強度に受けている森林は都市近郊低地部に比較的多いことがわかっている。このように科学的な情報を、森林・環境政策に反映しているのも大きな特徴である。

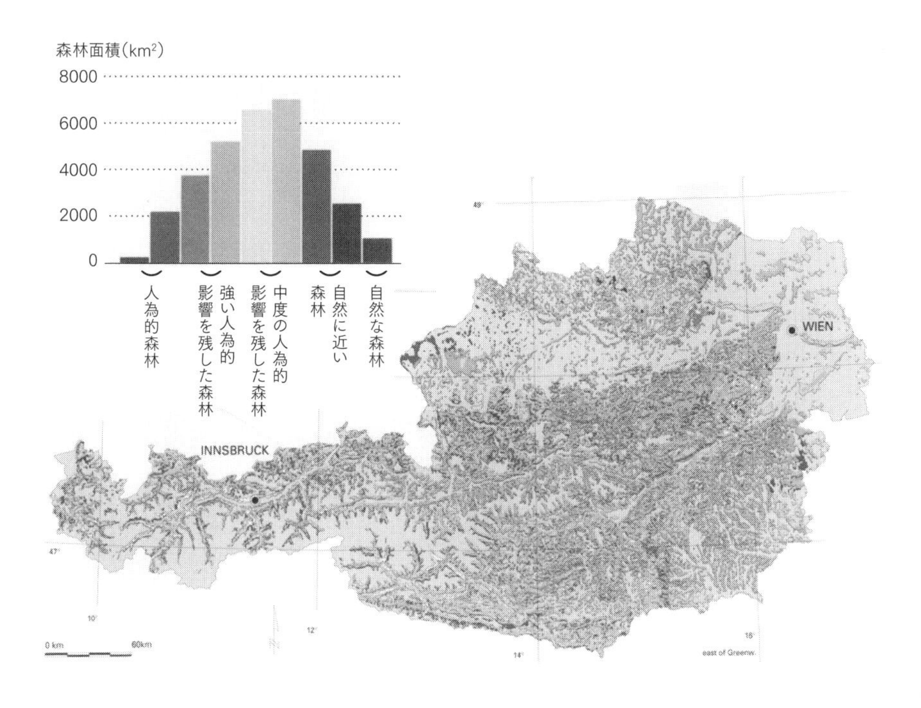

図 2-6　オーストリアの森林の自然度（ヘメロビー）の分類図
人為的度合いから近自然度合いを 1 から 9 の段階に分類している。人為的影響を色濃く残す森林（赤色・オレンジ色の区域）は都市近郊低地部に比較的多いことがわかる。中度に人為的影響を受けている林分が一番多い地域は黄色・黄緑色、近自然・自然な林分は緑色・濃緑色である。
［出所：Austrian Academy of Science - UNESCO programme “Man and the Biosphere”（http://131.130.59.133/projekte/hemerobie/hem_forest.htm）；Grabherr G, Koch G., Kirchmeier H., Reiter K.（1998）[*12]］

(3) 連邦政府による政策決定のための森林資源調査

オーストリアの全国森林資源調査は、暫定的な区画設定によって1961年から開始された。1981年からは5年ごとに恒久的な定点森林調査を実施し、国、州、地域レベルの基礎的で包括的なデータを関係者に提供することになった。2016年から第5次再評価期間を迎えている。連邦所管の森林・自然災害・景観研究研修センター（Bundesforschungs- und Ausbildungszentrum für Wald, Naturgefahren und Landschaft：BFW）が森林法のもとで全国森林資源調査の執行機関になっている（森林法第9章第130条）。

森林資源調査の主な目的は、持続可能な森林経営に関する国家政策のための情報収集、環境と土地利用計画政策の支援、森林と環境における政策意思決定と森林管理のツール、科学的な森林研究のデータベース、木材産業に対する情報源として、さらには国際的な報告やモニタリングの基礎資料としての活用等である*13。

森林資源量の調査は、全国規模の統一調査基準とその指針に則り、連邦全域に4つのサンプルプロットを1セットとした“トラクト（tract）”と呼ばれる標準地を約5,600ヶ所配置して実施される（図2-7）。その中で森林部に位置するサンプルプロットは現在約1万1,000個となっている（図2-8）。

図2-7　均等に配置されたトラクト

図 2-8　4つのサンプルプロットを持つトラクト

これらのサンプルプロットは1トラクト当たり378haを代表している。サンプルプロット間の一辺の長さは200mであり、南北／東西向きに正方形である（図2-9）。またこのサンプルプロットから提供されるサンプル木は約8万個体に及ぶ。サンプルプロットは半径：9.77m（面積：300m^2）の大円プロットと半径：2.60m（面積：21.2m^2）の小円プロットに分類され、大円プロットは森林面積の算定とその構造を特定するために使用される。例えば林地と林地以外の土地は色分けされ、1/10分割によって林地面積（あるいは非林地面積）が算定される。小円プロットは胸高直径5～10.4cmの樹木を対象に計測され、10.5cm以上の個体はオーストリアで開発されたビッターリッヒ法を用いたアングル・カウント手法によって算定される。さらに生物多様性を評価

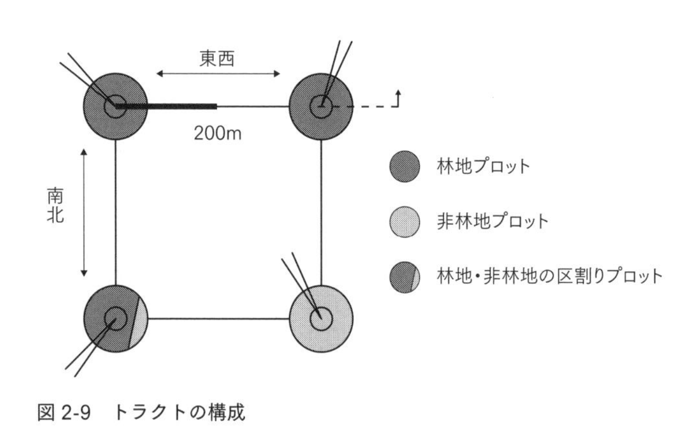

図 2-9　トラクトの構成

するラインをサンプルプロット間に設置する。[*14]

全国森林資源量調査によるサンプリングは、オーストリアの全面積のわずか0.008%の割合でしかないが、長期間の繰り返しの定点観測によって、8万個体のサンプル木の測定（胸高直径、樹高、上部直径）からオーストリアの森林面積、樹種構成、森林資源量、成長量、年間可能伐採量、健康度や生物多様性の指標などの現況と時系列変化を分析し、国内の森林政策や持続可能な森林経営を進める上で極めて重要な情報を提供している。[*15]

2-3　森林開発計画と森林専門管理計画

森林計画制度は森林法の第2章（第6条〜第11条）に定義され、計画そのものは、多くの基礎資料やデータによって科学的に示されている。

森林法第6条は、森林計画制度の目的を「経済的効果：特に素材としての経済的木材の持続可能な生産」「災害保全効果：特に自然災害および環境への悪影響に対する保護、ならびに洪水および土石流、地すべりおよび土砂崩れに対する保全」「環境保全効果：特に気候と水収支、空気と水の浄化と再生」「保健保養効果：特に森林訪問者に対するレクリエーション空間としての森林の影響」と述べている。これを受けて同第7条では森林計画の対象範囲とゾーニングの4区分が示され、さらに同第8条では3つの個別計画としてWEP、WAF、GZPを策定することが定義づけられている。

また同第9条では、WEPは「郡単位の計画の積み上げによって州レベルの計画が作成」され、それを連邦規模にまとめたものであり、「森林の影響、特に一般市民に対するその意義を考慮しなければならない」と示されている。

同第10条では、WAFについて「森林の所有者または有資格者によって作成された森林計画であり、計画期間のゾーニングと計画」と示され、第11条では、GZPについて「河川流域および雪崩の危険区域およびその危険度、ならびに将来の防護措置のために特定の種類の管理または保全が必要とされる区域が記載されなければならない」としている。

（1）森林開発計画（WEP）による森林機能のゾーニング

連邦政府によると、森林開発の目的をオーストリア全土の森林状況と森林機能を明示し、すべての森林機能が将来を通じて持続可能かつ最適に保たれること[*16]としている。すべての森林に対し必要な機能と措置を特定し、その重要度にしたがってランク付けすることで、森林政策と林業の重要な考え方と方針を提示することになる。

また、森林・林業に関する連邦および州レベルにまたがる様々な分野横断的な課題（木材資源の供給、水源涵養、空気の浄化、炭素固定や消費、土壌の保護、自然災害対策およびバイオエネルギーの供給など）が提示でき、同様に、森林の改善措置を講ずる際の補助金やその他の森林政策決定の基礎を提供することにも用いられる。さらに一般的な輸送体制や地域の土地開発、地域計画等々の様々な現場や計画立案においても利用される。

以上の目的に沿って作られたのが全国レベルの森林域のゾーニング（図 2-10、口絵 P.ii）である。WEP は 10ha を最小サイズとした森林に対し、森林法で示された基準に沿って森林機能を設定する。このオーストリア全土を評価するゾーニングは、4 つの機能区分（「木材生産機能：緑色」「災害保全機能：赤色」「環境保全機

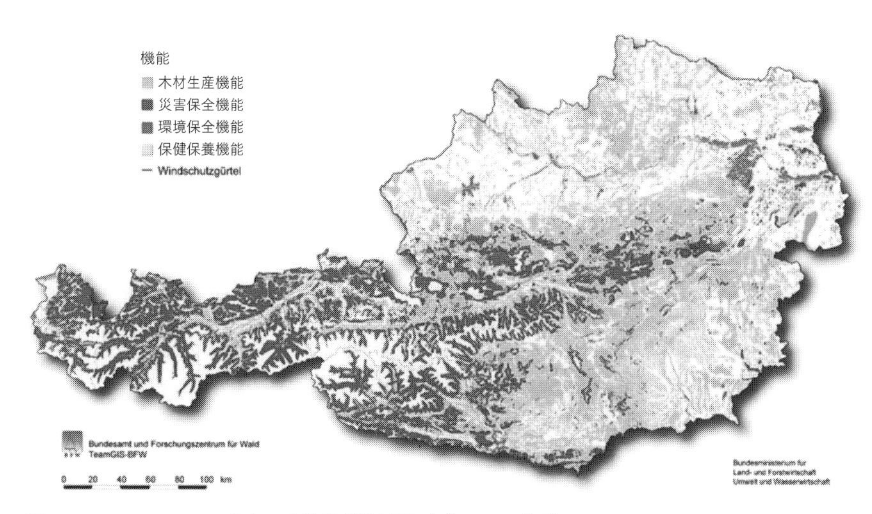

図 2-10　オーストリア全土の森林開発計画図（ゾーニング図）

［出所：BMTN,Waldentwicklungsplan（WEP）］

能：青色」「保健保養機能：黄色」）で示され、最も重視する機能を色によって表現している。各機能が占める割合は、木材生産機能が54.7%、災害保全機能が39.0%、環境保全機能が3.4%、保健保養機能が3.0%となっている。

このゾーニング図から、標高が高く山岳地域である西部地域（ヨーロッパアルプスに位置するチロル州やスイスに隣接したフォアアールベルク州、ザルツブルクを州都に持つザルツブルク州等）は、山地崩壊や雪崩が多いことから災害保全機能（赤色）が最重視されていることがわかる。また北部や南部は森林の蓄積や成長量が大きいことから林業の中心地域で、木材生産機能（緑色）が最重視されている。ウィーンのような都市部近郊には空気浄化や炭素固定等を期待する環境保全機能（青色）や保健保養機能（黄色）が比較的多く設定されていることがわかる。その他都市近郊には防風林帯（紫色）が分布する。

これを地域レベルに落とし込むと図2-11（口絵P.iii）のように示される。この拡大図はケルンテン州のオシアッハ湖周辺の木材生産区域を表示したものであるが、色分けは前述したゾーニング区分と同じである。ただし、ここではさらに機能ごと

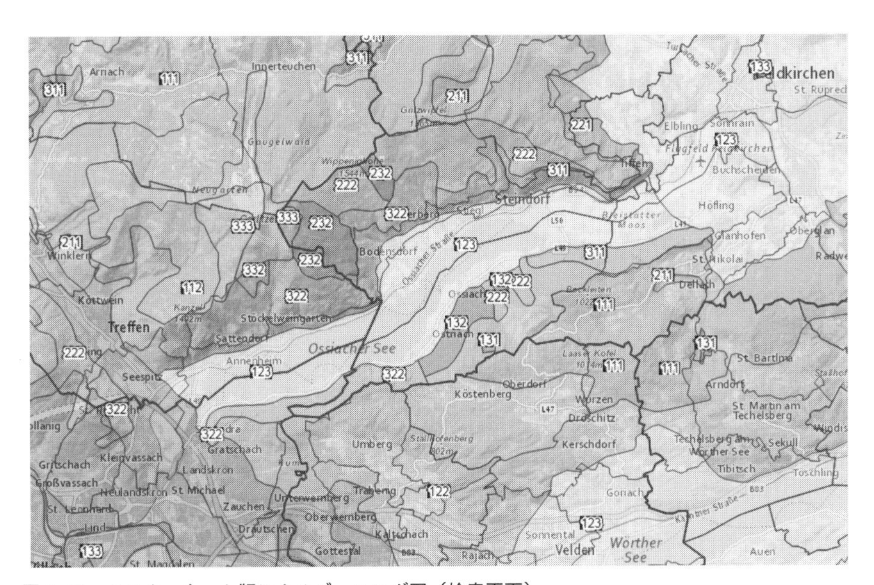

図2-11　インターネット版によるゾーニング図（検索画面）
ケルンテン州のオシアッハ湖周辺情報を表示。図の着色は文中の解説のとおり。
［出所：https://www.waldentwicklungsplan.at/map］

の重要性の評価を確認することができる。林分ごとに3ケタの数字が記載されているが、百の位は災害保全機能を、十の位は環境保全機能を、一の位は保健保養機能を表している。ここに1～3の重要度を表す数字が与えられ、これらは「1」は重要度が低い（公共的利益はある)、「2」は中位（高い公共的利益がある)、「3」は高い（特別な公共的利益がある）ことを意味している。例えば地図の中心に数字「123」が表示されている。これは災害保全機能（百の位）が1であって重要度は低い、環境保全機能（十の位）が2であって重要度は中位、保健保養機能（一の位）が3であって重要度は高いことを意味しているので、黄色が塗られている。つまりどこかの位に3の数字が付されたなら、その機能の色が表示されるということになる。ただしいずれの位にも3の数字が付されていなければ、その林分は木材生産機能を重視することになり、緑色が塗られることになる。例えば南東域の緑色に塗られた林分の数字は「111」となっている。これは災害保全機能も環境保全機能も保健保養機能も重要度は低位であることから、木材生産機能を重視する林分であるとわかる。同じ緑色でも、もし「211」と表示されていれば、木材生産機能の次に災害保全機能が重視されるため、災害に配慮した木材生産が行われることになる。また各評価が最高位（333）であれば、百の位が優先され赤色（災害保全機能）が表示される。

さらに、連邦管轄官庁の聞き取りから、WEPの意義を以下のようにまとめることができる。

「森林開発計画（WEP）は、連邦政府にとって、森林政策決定の際に重要な役割を果たしている。オーストリアの森林においては、木材生産はどこでも可能である。しかし森林はいつも4つの機能を同時に果たしているので、どの機能を一番に優先するか決めなければならない。ゾーニングは、森林開発等のときにとても重要になり、特に行政施策において重要である」

また、ケルンテン州政府担当部局での聞き取りでも、森林政策において重要との認識にあり、ケルンテン州では1つの経営単位としてWEPにしたがって森林管理を行っているとの説明であった。

現在はインターネットでゾーニング図の閲覧が可能となり、森林の多面的機能が確認できるようになった。木材生産やその他の施業を実施する場合には、対象となる林分のゾーニング図を確認した上で、法律に遵守した作業を実施することができる。日本のゾーニング（第10章参照）とは比べものにならないほどの小面積単位で整備されており、小規模の森林所有者にとっても自分の林地がどのような機能を重視しているかひと目で理解でき、経営の道案内になるという点でも優れている。

なおこのゾーニングの更新は、森林法では“自然状態に大きな変化があった場合に更新しなければならない”と規定されており、これまで10年に1回を基本にしていたが、現在は10年は長すぎるとして10年以内に更新しているとのことである。

(2) 林家のための森林専門管理計画（WAF）

・WAFの目的と策定

WAFは、「森林の所有者または有資格者によって作成された森林計画」であり、「通常は森林所有者の主導で、自主的に作成される林業計画の指針である[*17]」とされている。

連邦政府公式の林業計画パイロットプロジェクトの概要「林業計画：企業および地域レベルでの柔軟な計画ツール」では、WAFは、森林計画制度の部分計画であり、森林管理者のイニシアティブに基づいて策定されるとし、それぞれの森林所有者または他の（認可された）団体の要請により作成されるものである。したがってWEPとGZPは責任機関（政府）によって直接作成されるが、WAFは森林所有者の責任で作成されるという点で異なっている。

WAF作成の主な目的は、「森林の予測的な計画は、あらゆる重要な公益性を調整するために必要とされ、森林の永続的かつ可能な限りの効果（災害保全、環境保全、保健保養効果）を確保すること」としている。

また計画策定において必要な事項は以下のとおりである。

WAFを策定できる者は、森林所有者または法的に適当と認められた民間の事務所または組織であって、林業および森林土木の資格を有した技術者を確保していなければならない。

WAFの承認を申請された場合、所管する州知事は、その計画がWEPの内容と目標を遵守していることを確認しなければならない。WAFとWEPの位置づけは図2-12のとおりである。

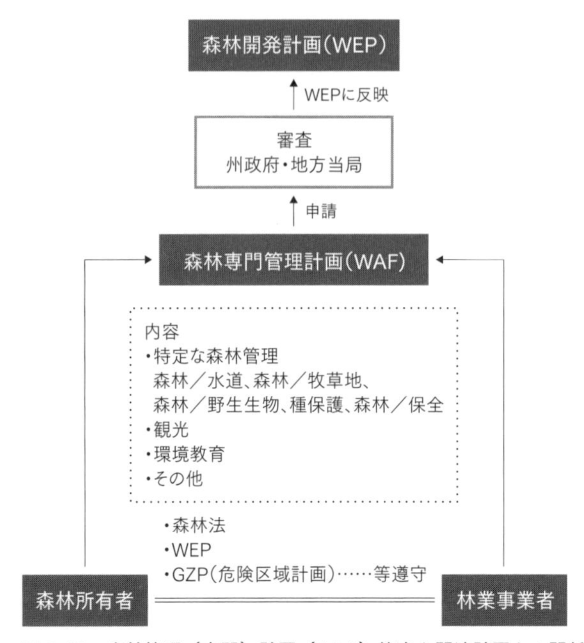

図 2-12　森林管理（専門）計画（WAF）策定と関連計画との関係

・WAF の実態

WAF の運用実態について、2016 年に連邦政府とケルンテン州政府およびケルンテン農林会議所（LK ケルンテン、農林会議所については第 4 章参照）において具体的な説明を受けたのでその概要を述べる。

(1) WAF は 10 年間の林業計画の中で、どこで木を切り、どこで天然更新をするかなどのプランを示す必要がある。この 10 年計画は大きな企業にだけ要求される。小規模事業者（所有者）はもっと簡単なプランとなっており、どこで木を切りたいかの具体的なプランを役所に申請し、許可を受けることになる。林業事業者はオーストリアの厳格な森林法を遵守しなければならず、WAF は森林法に準拠した PEFC 認証（第 8 章参照）の基準に適合すべく作成しなくてはならない。ただし PEFC 認証を得ているならば、WAF を出す必要はない。

⑵ 森林計画は、大きな事業体であれば専属の森林官がいるので、彼らが作成する。まず、現在の森林状態を調べた上で、プランは森林専門職が決めることになる。

⑶ 計画書が認可されたのち施業実施となる。小規模所有者に対する認可は比較的簡単で、彼らもデジタルソフトを農林会議所の支援のもとで使用することができる。こうした支援によって彼ら自身が5年おき、10年おきの計画を作成できる力量を備えることになる。

⑷ 森林の蓄積量の推計はビッターリッヒ法を用いたアングル・カウント手法で行っている。資源量の算出には木の種類別に作られた資源（材積）表を利用している。日本でいうところの国有林である、オーストリア連邦林（Österreichische Bundesforste、現在民営化されている）もそうした表を開発し、PEFCオーストリアは地方・地域ごとにどの種類でどのくらいの収穫があるか、どの程度の成長量があるかを公表している。資源表の作成は有益であり、大きな経営事業体では自分たちの木を伐った際にすべて計測し、自社用の表を作ることもある。

LKケルンテンによると、WAFの策定率について「オーストリアでは、森林経営計画書は強制的ではなく任意で作成するが、大きい事業体は約7割、小規模所有者は自分で策定するには複雑であるため、1割程度の策定率である。ただし、100ha以上の企業・事業体であれば、計画書がなければ補助金は一切出ない。100ha未満であればPEFC認証を持っていれば補助金要項に該当する。経営計画の樹立については、補助金の優遇措置はないが、計画書作成において最低500ユーロ（約7万円）以上のコストがかかった場合、作成費用の40%が補助金対象となる」とし、「本来、山主が自分でやるのだが、彼らができなければ農林会議所は1ha当たり15ユーロ（約2,000円）の低廉な価格で作成に協力する。計画書の作成は結構コストがかかってしまうが、なぜそんなに低廉な価格で支援するかというと、小さい山主にも持続可能な森林経営のための計画書を持ってほしいし、その後もずっと使えるから」ということであった。

オーストリアの小規模所有者のWAFの策定率が低いことを背景として、連邦政府は「今後の計画を作るということは、持続可能な行動をするということを意味する」とし、「この未来志向の作業原理（持続可能性の原則）が林業に由来するという認識は、業界の枠を超えて広範に広がっている。もちろん、林業がここでも先駆的な役割を果たしているということは偶然ではない。オーストリアの森林管理者は、100 年以上にわたって、地域と事業の関係において重要な意思決定をすることに慣れてきたため、森林は数十年にわたって最適な機能を果たすことができている。もし不幸にも幼齢期から成熟期にかけて不適切な計画のもとで、森林の造成や利用が実践されたならば、極端な場合には何世紀もあとにやっと認識され、その是正のために大きな努力が払われなければならなくなる*18」と計画策定の意義とその実行を促している。そのため、小規模森林所有者のための一般仕様として「可能な限りシンプル」に「それぞれの目的や必要に応じて適切かつ詳細に説明される」を基本コンセプトとして、WAF の策定を推進している。

2-4　森林・林業に関する補助金制度

海外の補助金制度はあまり知られていないのが現状である。ここでは森林・林業に関する補助金制度がどのようなものか、それがオーストリアにおいても林業活動の後押しとなっているのかどうかを確認してみたい。

(1) EU補助金政策とオーストリア林業政策との関わり

オーストリアの森林部門に関する補助金制度においては、EU・連邦・州の計 3 つの行政レベルが関与しており、推奨や改善すべき重点項目への補助政策を打ち出している。同時に森林由来の木質バイオマスによる温暖化対策や防災事業など、林業部門と連動した様々な補助プログラムが並行して進められており、実際の補助事業の体系は複雑である。また、コスト的に敬遠されがちな環境に配慮した林業の実践を可能にするために、生態学的な知見を助成事業に具体的に反映させるなど、補助政策が将来の林業のための重要な舵取り役となっている。

補助金の支出割合は、以前は EU が 5 割、連邦が 3 割、州 2 割が基本であったが、プロジェクト型の補助金が多くなることによって、近年では EU6 割、連邦と州で 4 割のケースもある。連邦と州の補助割合は、両者の交渉によって決定される。

オーストリアの林業関係補助金は、EU の枠組みの中で実施されているケースが多く、自由度が限られている点も見受けられるが、「平等かつ透明」「国土、国民を守る公共事業」の原理を基本とし、"公共性"を重視して運用されている。

(2) オーストリアの補助金制度の体系と科目

EU 補助金の他に、連邦と州による国内補助金政策プログラムが独自に採用されることもある。例えば山岳地植林と保安林整備、林道整備、森林内の風害、雪害後の害虫発生対策、林業指導、被災地の再植林、樹種転換、土地改良、保育、見本市や各種イベントによる広報活動の支援の実施等に充てられる。

以前は経済林への補助や林業機械購入に際しても補助金が充当されていたが、現在は廃止となっている。林道等の路網整備には補助金が多く充当されているが、この路網整備も公的・公共的意味合いを持つ保全林等へのアクセスを前提としている。

また、200ha 以上の森林を所有している大規模所有者、事業者は補助金なしで事業を実施する。小規模所有者の場合は、農林家が単独で補助金を申請するケースは極めて稀で、農林家の共同計画、共同施業に限られる。

「間伐等森林整備」関連はオーストリアの補助金割合の最も多くを占める（図2-13）。度重なる風倒、雪害等の災害復旧のための森林整備が主で、日本で見られ

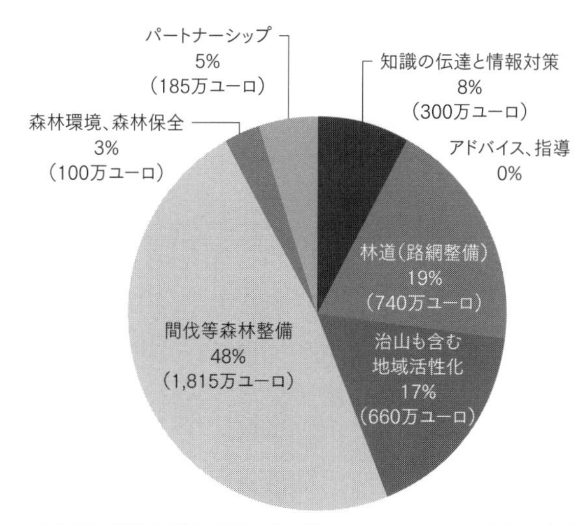

図 2-13　オーストリアの補助金科目（EU プログラム 2014 ～ 2020 年）の割合（2016 年）
［出所：ケルンテン州農林会議所のプレゼン資料をもとに作成］

る造林補助制度の要素は薄い。木材生産にあってはほとんど補助金を活用できない。

さらに、オーストリアの補助金には「知識の伝達と情報対策」が1割近くを占める。森林・林業関係者への情報提供、市民への木材利用の普及・啓発を積極的に進めることで、市民の意識に「森林は唯一の資源」との認識を与え、森林・木材産業の複合便益（Multi-benefits＝マルチベネフィット）に対する成熟した国民意識を維持しているものと考えられる。

2016年当時のEUプログラム（2014～2020年）を基準にしたオーストリアの林業関連補助金は、19プロジェクト中7科目であり、年間約3,800万ユーロ（約50億円）であった（図2-13）。

（3）州レベルの補助金運用

州の補助支援プログラム（Landesprogramm）では州の条例によって各種助成のためのガイドラインが作成され、州の財政予算内で助成が行われる。例えば、ニーダーエステライヒ州は土砂採集の売り上げを徴収してニーダーエステライヒ景観基金（NÖ Landschaftsfonds）を設立し、景観保全に関連した事業に対する助成を行う事例がある。また、フォアアールベルク州の森林救済基金（Fonds zur Rettung des Waldes）は風害や雪害など、早急な復旧を要する自然災害時に適用され、地方政府レベルで早急な手段を講じられるような仕組みになっている。

「森林・林業の推進と国土資源保護のための持続可能性と観光のための連邦議会特別令[*19]」の序文に「オーストリアの農業と林業の促進は、主に共通の農業政策の枠内で行われる」とあるように、連邦政府、州政府レベルでは、補助金は農林業補助金として科目に応じて分配される。ただしチロル州やフォアアールベルク州では、農林業の補助金は州政府の段階で農業部門と林業部門に分離して配分され、農業は農林会議所（LK）、林業関係は郡庁林業部門が取り仕切る形態をとっている。また表2-1に示すように、ケルンテン州では、農業と林業の補助金の割合は農業97%、林業3%程度（事業ごとに異なり、単純に何割とは言えない）とされるが、チロル州では農業95%、林業5%程度である。チロル州ランデック郡にある森林監査事務所では「チロル州では、牛の尻尾1本につき、木は1本の価値に相当」と面白い例えで説明していた。

補助金の基本的な運用形態は前述のとおりであるが、州レベルでその運用には若

表 2-1　ケルンテン州とチロル州の補助金体系の違い

項目	ケルンテン州	チロル州
補助金体系	・農業は97%、林業は3% ・事業ごとに異なり、おおよそEU50%、連邦30%、州20%	・農業は95%、林業は5% ・EU50%、連邦と州が25%のミックスだが、事業ごとに異なる
州の林業関係補助金	・500万～1,000万ユーロ（約6.7億～13億円）	・700万～800万ユーロ（約9億～10億円）
州単独補助金	・林道補助が若干あり ・農業分野から林道への補助金支出あり	・原則、州単独補助金なし
補助金制度の基本事項	・公共性、保安林に充当	・公共性、保安林に充当
補助金の用途	・林道、植栽・保育（除伐、最初の間伐） ・木材のマーケティングや普及（森林研修所や木材利用拡大PRの組織等へ）	・林道、植栽・保育（密度管理も含む）伐採と搬出 ・林業普及

［出所：ケルンテン州は農林会議所、チロル州はランデック郡庁林業部より聞き取り］

干の違いが存在する。

保安林機能や公益的機能が低い経済林は、経営的に成り立つことを前提としており、補助金支援は否定的である。例としてケルンテン州では、現状のトウヒ材価が直径20cm以上のA・B材で1m^{3}当たり95ユーロ（約1万2,000円）と比較的良い価格で推移し、木材生産コストも低いことから、大きい事業だと補助金なしでも収支が成り立つ。オーストリア森林法で規定されたWEP区分による経済林においては「補助金を充当する必要はない」との認識が強い。オーストリアの補助制度は、国土保全、環境保全のための資金であることが原則であり、その補助金を充当すべき森林が明確に分けられている。

1：Council Directive 92/43/EEC of 21 May 1992 on the conservation of natural habitats and of wild fauna and flora.

2：Council Directive 1999/105/EC of 22 December 1999 on the marketing of forest reproductive material.

3：REGULATION(EU)No 995/2010 OF THE EUROPEAN PARLIAMENT AND OF THE COUNCIL of 20 October 2010 laying down the obligations of operators who place timber and timber products on the market.

4：Forstgesetz 1975, BGBl. Nr. 440

5：オーストリア連邦憲法（Bundes-Verfassungsgesetz〔B-VG〕. BGBl. Nr. 1/1930〔WV〕idF BGBl. I Nr. 194/1999〔DFB〕.）第10条、11条、12条、15条など。連邦と州の立法権と執行権の規定については参考資料「オーストリアの地方自治（自治体国際化協会、平成17年〈2005年〉）」に詳しい。

6：Verordnung des Landeshauptmannes über die Festsetzung der Marken der behördlichen Waldhämmer StF: LGBl.Nr. 30/2007

7：Norbert Weigl(Hg.)（2001)Faszination der Forstgeschichte：Festschrift für Herbert Killian. 162 pp. Schriftenreihe des Instituts für Sozioökonomik der Forst- und Holzwirtschaft 42. Eigenverl. d. Inst. für Sozioökonomik d. Forst- u. Holzwirtschaft. Wien.

8：Allgemeines Reichs-Gesetz-und Regierungsblatt für das Kaiserthum Oesterreich. LXXII. Stück. Ausgegeben und versendet am 14. December 1852. 250. Kaiserliches Patent von 3. December 1852.

9：Bundesgesetz, mit dem das Forstgesetz 1975, das Bundesgesetz zur Schaffung eines Gütezeichens für Holz und Holzprodukte aus nachhaltiger Nutzung, das Bundesgesetz über die Bundesämter für Landwirtschaft und die landwirtschaftlichen Bundesanstalten und das Forstliche Vermehrungsgutgesetz geändert werden. BGBl. I Nr. 59/2002.

10：Kilian, W.; Müller, F.; Starlinger, F.（1994）：Die forstlichen Wuchsgebiete Österreichs. Eine Naturraumgliederung nach waldökologischen Gesichtspunkten. FBVA-Berichte 82/1994, 60 Seiten.（https://bfw.ac.at/300/pdf/1027.pdf）

11：Grabherr G, Koch G., Kirchmeier H., Reiter K.（1998)Hemerobie österreichischer Waldökosysteme. Österreichische Akademie der Wissenschaften. ISBN/ISSN 3-7030-0322-7. https://web.archive.org/web/20110703034157/http://131.130.59.133/projekte/hemerobie/hem_forest.htm

12：Grabherr G, Koch G., Kirchmeier H., Reiter K.（1998)Hemerobie österreichischer Waldökosysteme. Österreichische Akademie der Wissenschaften. ISBN/ISSN 3-7030-0322-7.

13：Klemens Schadauer：Austrian National Forest Inventory、BFW、2010

14：Alexandra Freudenschuss, Thomas Gschwantner, Klemens Schadauer：The National Forest Inventory in Austria, Seminar on the importance of NFI data for fulfilling obligations under UNFCCC, the Kyoto Protocol and EU legislation, Zagreb, 2016

15：Klemens Schadauer, Thomas Gschwantner, and Karl Gabler："Austrian National Forest Inventory: Caught in the Past and Heading Toward the Future", Proceedings of the Seventh Annual Forest Inventory and Analysis Symposium, 2005

16：オーストリア連邦森林法, Gesamte Rechtsvorschrift für Forstgesetz 1975, Fassung vom 14.09.2016, II. ABSCHNITT FORSTLICHE RAUMPLANUNG Aufgabe der forstlichen Raumplanung(§6～§11)

17：BMLFUW(2005)Der Waldfachplan Ein flexibles Planungsinstrument auf betrieblicher und regionaler Ebene, Jänner 2005

18：BMTN (2018) Waldfachplan, https://www.bmnt.gv.at/forst/oesterreich-wald/raumplanung/waldfachplan/WAF.html

19：BMTN (2018) SONDERRICHTLINIE DER BUNDESMINISTERIN FÜR NACHHALTIGKEIT UND TOURISMUS ZUR FÖRDERUNG DER LAND- UND FORSTWIRTSCHAFT AUS NATIONALEN MITTELN, II. Inhalt p1

第3章　林業・林産業の基本構造と実態

ここではオーストリアの林業・林産業の基本構造とその特徴について見てみる。

オーストリアの国土面積はわずか北海道と同程度であり、しかも森林面積は日本の15%程度でしかない。そのオーストリアが日本を上回る量の素材を生産する源はどこにあるのか。その点に着目しながら、オーストリア林業の土台を構成する小規模林業経営の特色を引き出しつつ、林業の持続性を担保する森林の造成技術、素材生産の基盤となる路網技術や収穫システムについて明らかにしてみたい。

3-1　誰が素材生産を担っているのか？

オーストリアの森林の多くは民間の森林所有者によって経営・管理されている。

オーストリア政府の公式報告書では、200ha未満を「小規模」所有者と定義している[*1]。200ha未満の小規模山林所有者の面積割合は全体の50%を占め、200ha以上の大規模山林所有者はおよそ20%、連邦林が15%となっている（図3-1）。また2016年の私有林の規模別所有者数は、5ha未満が6万3,384人で全所有者数の46%を占め、20ha未満の山林所有者は11万8,164人で同じく85%、50ha未満では13万2,375人で同じく95%に達し、彼らの支援や協力がなければ強いオーストリア林業は生まれない。

また1975～2017年の過去40年間の木材生産量は、1,000万～2,000万 m^3 へと増加傾向を示し、近年では1,600万～1,800万 m^3 と横ばい状態で推移している（図3-2）。これらの生産量のうち、約6割に当たる1,000万 m^3 前後が200ha未満の小規模森林所有者からの供給であり、オーストリア林業の中心的役割を担っている（図3-3）。こうした木材は主に森林組合連合（第4章4-3参照）を通して地元製材工場に供給するケースが多く、小規模森林所有者→森林組合連合→地元製材工場が

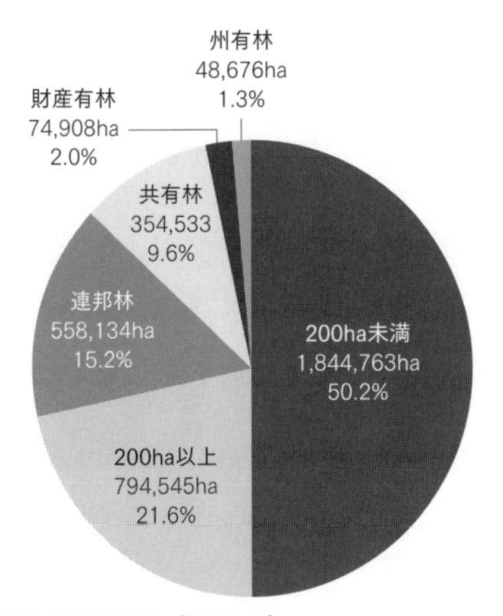

図 3-1　森林所有タイプ別の面積と割合（2014 年）
［出所：Ministerium fur ein Lebenswertes Osterreich, DATA, FACTS AND FIGURES 2016, p.16］

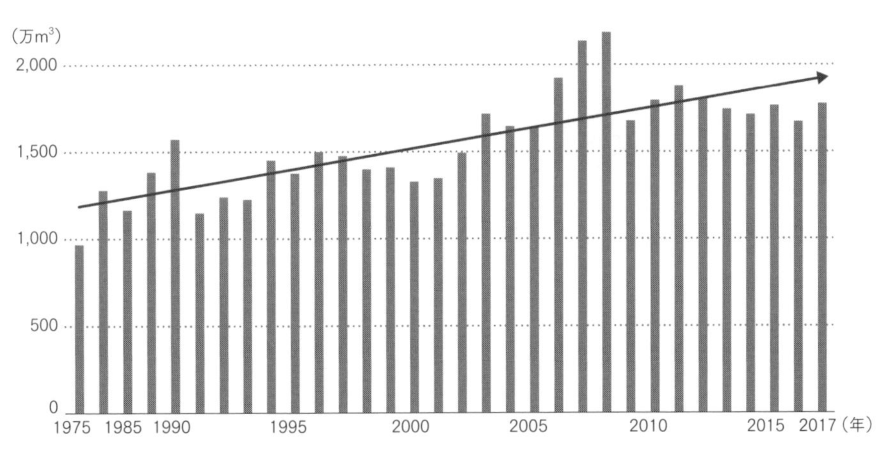

図 3-2　オーストリアの木材生産量の推移（1975 ～ 2017 年）
［出所：Holzeinschlagsmeldung BMLFUW, 2018］

地域林業・林産業の木材流通の要となっている。

さらに小規模林家の特徴を見るならば、「200ha 未満の所有者の約 4 割は農家や兼業農家である*2」といわれるように、畜産業や農業を営みながら林業以外の収入手

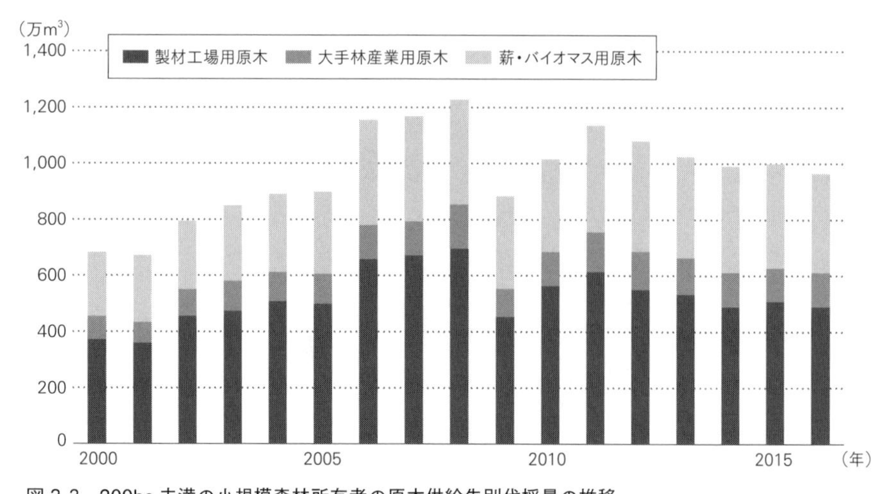

図 3-3　200ha 未満の小規模森林所有者の原木供給先別伐採量の推移
[出所：Interessenvertretung der Land- & Forstwirtschaft in Österreich, Kasimir P. Nemestothy, BOKU, 2017]

段を兼ね合わせた複合的経営を行っているケースも多く見られる。しかし連邦政府の報告書によると、「過去数十年にわたり、農業と林業は大規模な構造変化が起こった。近年、林業の事業体数は着実に減少している。これにはいくつかの理由がある。同時に、林業と農業との伝統的な関係が薄れてきていることも観察され[*3]」、農山村の収入構造が徐々に複合的経営から専業的経営に移り変わる傾向が続いている。

いずれにしろ、私有林の大多数の小規模林業経営は、その大部分が家族的労働に支えられ、親子２代以上にわたって経営されていることも特徴であり、時には地域住民の共同で管理・経営が行われているケースもある。また自伐林家である場合には、自前の機械装備はその生産規模に応じて保有され、ウィンチ付きトラクタやトレーラーによる小規模な木材搬出から、専業に近い林家ではタワーヤーダとプロセッサを搭載したコンビマシーン等を所有し、自伐であると同時に他の林家からの受託によって生計を立てているケースなど様々である。また高額な機械を購入できない場合は、機械の共有サービス（例えばマシーネンリンク、第４章参照）を利用し、木材生産を行っているケースも多い。

3-2　持続可能な森林資源の利用哲学を実現する造林および育林技術

オーストリアは100年以上にわたり、持続可能な木材生産という土台を築いており、その上に現在の森林資源の利用哲学が出来上がっている。第二次世界大戦後、特に1960年代から現在までの約60年の間に、森林セクターにも大きな産業構造の変化がもたらされた。植林面積の減少や造林費の削減に伴う造林体系の変化があり、機械化の進展と生産効率の向上、さらには施業体系の変化に伴う林業全般に及ぶコストの縮減に成功した。これらによって山林所有者側に有利な木材価格の設定と素材生産部門の労働賃金の増加が見られた。

こうした変遷を経て現在のオーストリア林業がある。オーストリアの持続可能な林業は一朝一夕で出来上がったものではない。しかも興味深いことに、生産性効率化のもとでの構造変化は、森林資源の乱開発を引き起こさなかった。早くから持続可能な森林経営を標榜し、そのもとで林業活動が進展してきたことは特筆すべき点であり、抑制的とも思われるオーストリア林業の奥深さを感じる。

(1) 人工植栽による一斉林から天然更新による多様な森林への転換

人工植栽は、皆伐地の再造林整備と天然更新地の補植として行われている。皆伐地の再造林は主に災害復旧（暴風害等）地や急斜面に多い。苗木は裸苗が多いが、ポット苗も普及してきており、最近ではコンテナ苗の利用が多くなってきている。苗木の価格は地域によって異なり、例えばケルンテン州クラーゲンフルト周辺では一般的な裸苗はドイツトウヒで45セント（約60円）、広葉樹で1.2ユーロ（約160円）、コンテナ苗はその2倍程度となっている。またチロル州ではドイツトウヒが60セント（約80円）、ヨーロッパカラマツが1.1ユーロ（約150円）、センブラマツと広葉樹が2.1ユーロ（約280円）である。

植栽本数も地域によって異なり、クラーゲンフルト周辺では2000年頃まではドイツトウヒで5,000本/haを植栽していたが、現在は2,500本/haとされ、チロル州では2,000～2,500本/ha、高標高域では4,000本/haとなっている。民間最大手の林業会社FRANZ MAYR-MELNHOF-SAURAU社（MM社）の森林官であるヨハネス・ロシェック氏は、「植栽本数は徐々に減る傾向にある。植栽本数は地位によって判断され、シュタイアーマルク州ではドイツトウヒは地位が高ければ2,000本 /ha、地位が低ければ2,500本 /ha程度である[*4]」と語る。

近年オーストリアでは、人工植栽による一斉林から天然更新による山造りへの転換が徐々に進められている。しかし、天然更新の採用は州によって異なっており、例えば南部の林業が盛んなケルンテン州クラーゲンフルト管内では、人工植林は約7割、天然更新は3割であり、西部の山岳地域のチロル州ランデック郡では、人工植林は約3割、天然更新は7割となっている。

それではなぜ天然更新への転換が進められているのか、その背景を見てみよう。

法的な観点から見るならば、森林法による皆伐制限は前述のごとく区画幅50m以下の場合は区画長は最長600m、または区画幅50mを超える場合は2haを超えてはならないと規定されている。この制限規模以下の伐採サイズは、オーストリアの立地条件では樹木の天然更新が比較的進行しやすいことを経験的に理解している点が背景として挙げられる。

また経済的背景として、造林・育林コストが、人工造林よりも天然更新がはるかに低廉という現実がある。「この傾向は過去30～50年で明確になってきており、その土地に合った成長量をある程度得られる樹種を誘導する天然更新が、経済的に最適であることを研究者や行政だけでなく事業体も認識し、天然更新整備をすることにシフトしてきている」と連邦ウィーン農科大学（Universität für Bodenkultur Wien：BOKU）のDr.エドゥアルド・ホッホビヒラー教授は述べている。また現場によっては、林業経営上、経済性を持たせるために造林・育林コストをいかに抑えるかということは重要な課題であり、できるだけ天然更新で林分の再生を図りたいし、加えて現代的な効率性の高い収穫方法を取り入れることによって有利な林業経営を実践することになる、とヨハネス・ロシェック氏も説明する。

なお造林学的要因として、かつて人工植栽された一斉林には、適地適木ではない事例も見られ、森林資源の持続可能性を担保するために、生物学的・生態学的観点から混交林化を誘導する天然更新は有利とされている。

オーストリアにおける天然更新の基本的考え方は、それぞれの地域、立地条件によって、天然更新ができそうな箇所であれば天然更新を採用するということである。天然更新による成林確率は、より広い皆伐面積では低くなる。しかし小規模の皆伐、あるいは漸伐や択伐作業では高まる。上方あるいは側方からの母樹の自然散布種子

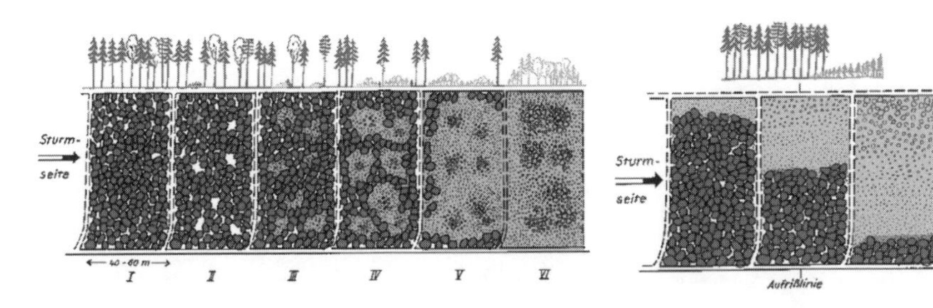

図 3-4　帯状画伐（左）と帯状傘伐（右）の概念図
濃い色は高齢木で、色が濃くなるにしたがい幼樹から壮齢樹を意味する。矢印は風向きを表す。
［出所：https://www.quora.com/How-do-you-cut-Canopy-Trees-in-a-Food-Forest］

による更新を期待できるためである。カラマツであれば林床に光が十分届くように、林冠に比較的広い空間を作り、稚苗発生を誘導する。半陰樹であるドイツトウヒでは比較的弱い光でも誘導できる。すなわち樹種の光に対する特性に応じて、“適切な光を入れる”ことを重要視している。

図 3-5　チロル州フェンデルス村の天然更新地
［写真提供：植木達人］

例えばブナ林である場合は、小面積にギャップを作り、風向きに直行する方向に沿って順次帯状に伐採を進め、上方あるいは風上からの種子の散布を期待し、それによって天然更新を進めていく。これは漸伐作業の一種である帯状画伐（Femelsaumschlag）と呼ばれている。また帯状傘伐（Schirmsaumschlag）と呼ばれるものは、風の影響を考慮しながら、立地条件や太陽光の入射条件、樹種の特性を活かして森林を造成する（図 3-4）。

天然更新について「実は決まった方法はない。風害や雪害の後、20 年後にその林分が最もきれいな山になっていることに気づいた。つまり自然で一番大事なことは、いろいろな樹齢があること、いろいろな樹種があることである」とケルンテン州政府の森林官は言う。

さらにオーストリアでは“コンビネーション（組み合わせ）”という森作りの方法がある。ある森林において小規模の皆伐を実施してその跡地に植林を行い、さらに隣接する林分に漸伐や択伐を併用し、林内に光の強弱を作り天然更新を待つ。多様な作業法を組み合わせ、多様な森を作ろうとする考えである。

(2) 日本への天然更新のすすめ

日本の森林にも詳しいBOKUのヘルベルト・ハーガー教授らはこう話す。「日本は戦後の拡大造林で多様な樹種の森林を皆伐し植林してしまったが、母樹が生育しているところでは天然更新をしている。重要なのは森林の状態を把握し、どういう林業機械と森林技術を採用し、生態的な特徴をつかむかということである。また二次林や一斉人工林をどういうふうに林種転換するか、例えば、適地適木を採用していろいろやってみるとか、手はかかるが徐々に天然更新の技術を進展させていくことだろう。また、天然更新で重要なのは、どの樹種を誘導するかという明確な定義と、光管理である。まず、陰樹、半陰樹、陽樹を明確にして、除伐するときでもギャップを開けるときでも、一番光が当たるところに例えばカラマツを植えて、半陰樹、陰樹は光の当たりにくいところに配置・誘導する。どの樹種がどういう光の条件を好むのか、どのように制御しながら誘導するか、その手法が大事ではないか。光の環境によってある程度雑草も管理しなくてはならないだろう。さらには野生動物の管理も当然必要となる」

さらに、「日本のケースを見ていて次の大切なステップは、戦後の拡大造林によって大規模に増えた一斉林を、どういう森林に再更新するのかであろう。拡大造林

図 3-6　漸伐作業による天然更新の事例　［写真提供：植木達人］

後からほとんど手を入れなかった林分がたくさんある。次世代の誘導に関して、日本はそれほど経験が積み上がっていない。だから誰か、勇気のある、元気のいい林家なり、事業体がいろんなモデルを始めるのが良い。試しに誘導試験を行い、どこまでできるのか、できないのか見極めなくてはならない。日本で天然更新の誘導手法というものを誰かが始める必要がある」とも述べた。

(3) 育林方法とコスト

オーストリアの低地や丘陵地帯では、人工植栽地は雑草が繁茂するので、カラマツを植栽した場合は最初の３～４年間、ドイツトウヒを植栽した場合は成長が遅いのでさらに長期間の下刈り作業が必要である。天然更新地においてもバラ科植物の繁茂が天然更新を阻害するとして、下刈りや除伐が行われている。チロル州などの高標高域での下刈りは、標高が高くなるにつれ植物の生育環境が厳しくなることから実施されなくなる。

MM 社のロシェック氏は、ドイツトウヒの施業について、「成長量は１年当たり 13 ～ 15m^3/ha で、悪い林分では 3m^3/ha 程度のところもある。天然更新が進み、間伐時期を迎えた場合、間伐は伐採率の基準よりもむしろ ha 当たり何本残すのかの基準を重視している。最終の主伐時の成立本数を目安とすることが多く、平均 100 年生で収穫するが、地位が高ければ 80 年くらい、地位が低ければ 180 年もありうる。また、ドイツトウヒは芯腐れが心配であり直径のみで判断できない」という。

この期間の育林としては、除伐、間伐があるものの、疎植（トウヒ：2,000 ～ 2,500 本 /ha）であることから除伐はほとんど行われない。また、植栽地および天然更新地とも胸高直径が約 20cm に達した段階で第１回目の間伐を実施する場合が多い。基準となるものは収穫表であるが、チロル州フェンデルス村担当の森林官によると、「架線を通して、立木の４割くらいは抜く。一度間伐を入れたら、次回はいつできるかわからないので、どうしても強めに間伐する。今後２回目の間伐を入れるかどうかの見極めは、作製されている一斉人工林の収穫表に沿うことになる。しかし、天然更新地や混交林は一斉林でないため、収穫表は適応できないので、基本的に架線を入れる長さと場所を勘案して決定しなくてはいけない。学校では“早い段階で適度に多くやる”と習ったが、現状ではやや強度の間伐を実施している」

表 3-1　オーストリアと日本の造林・育林費の比較

作業	オーストリア		備考	日本	備考
	天然更新	人工造林	ケルンテン州での聞き取り	人工造林	林野庁・長野県の資料等
地拵え	ー	68万円	ほぼ不要（全木集材）	28万円	
植栽	ー		トウヒ60円/本×2,500本/ha	59万円	スギ苗木代：35万円 植え付け費：24万円
獣害防除ネット	ー		ほとんど実施しない	104万円	国庫造林補助事業単価
下刈り	ー		ほとんど実施しない	71万円	下刈り5回
除伐	（14万円）	（14万円）		14万円	除伐1回
保育間伐			利用間伐扱い	13万円	保育間伐1回
計	（14万円）	（82万円）	一部補助金で実施	289万円	補助率（国＋県）75%

金額は ha 当たり単価、1 ユーロ＝ 135 円で換算。2016 年の聞き取り調査によると、育材費は 5,000 ユーロ /ha、除伐で 1,000 ユーロ /ha。

［出所：オーストリアのデータはケルンテン州農林会議所での聞き取り、日本は林野庁資料（標準単価）より］

とのことであった。

次に育林にかかるコストについて見てみよう。

ここではケルンテン州での育林コストについて森林官から聞き取りを行った結果と、日本の育林コストを ha 当たりの単価で比較してみたい（表 3-1）。ただし、州や地域によって樹種や植栽本数、管理費等が若干異なるので、その点は注意が必要である。

ケルンテン州での森林造成において、地拵えは木材搬出が基本的に全木集材であることからほぼ不要となっている。植栽は、ドイツトウヒでは 2,500 本 /ha で苗木代（45 セント〔約 60 円〕/ 本）＋労賃となる。獣害防除ネットの設置は、更新地の重要性や特別の意図があって確実な成長を期待する場合以外には、一般には設置しない。もし設置するとしたならば、その費用は日本とほぼ同じくらいとなる。また下刈りも必要に応じて実施する程度である。したがって人工造林を行った場合でも、ケースバイケースで各作業は行われるため、それぞれの費用を算出することは難しい。森林官の説明では、地拵えから下刈りが終了するまではおおよそ 70 万円 /ha 程度（人件費含む）であろうとのことである。また除伐に関しては、これも所有者の判断で必要に応じて実施するとのことである。この費用も明確には言えないが、もし実施したならばおよそ14万円/ha程度であろうという。この表では保育間伐も記載しているが、オーストリアの間伐は基本的に利用間伐であり、例えば間伐費用は14万円/haが一般的であるといわれるが、これらの費用は間伐材の販売で賄うことになる。なお、広葉樹の人工造成の場合はおよそ120万円/haの費用がかかるといわれている。

一方、天然更新では更新から除伐までの保育費は約14万円/haである。

日本の人工造林の場合、造林・育林費は獣害防除ネットを省略したとしても200万円程度かかることから、オーストリアのそれは半分以下となる。

(4) 多様な森林作りの事例

【事例1】Broman Holz社による漸伐作業

ケルンテン州の州都クラーゲンフルトから東に約40kmほどの距離にブライブルクという町がある。ここでBroman Holz社がフォワーダで集材作業をしていた。Broman Holz社は親子4人の素材生産業者である。ここでは漸伐作業－天然更新による林分の再生を進めていた。

母樹となり保護樹となる上木は、通直なアカマツであり、周辺にはドイツトウヒやカンバが成林している。伐根は新しいものと古いものが混在し、少なくとも2回の上木伐採が行われたことが確認できた。天然更新はまばらに成立している段階であり、開けたところにはカンバが生育し、他にもトウヒが群状に確認できた。また隣接する林分では一足先に漸伐が実施されており、上木はわずかに点在するだけとなっていた。下床には大量の更新木（ドイツトウヒとカンバ類）が成立し、また獣害対策用の金網が張り巡らされており、更新木の保護が行われていた。オーストリアでは金網等のフェンスは、費用が嵩むためあまり実施されないということであるが、特別に保護したい更新地であれば出費も惜しまずに実施する。

【事例2】ナラの森づくり

リヒテンシュタイン財団が運営するシュハーバッハ森林区では、生育可能な有用樹種を35種と定め、このうちナラ、ブナ、トネリコなどの広葉樹を積極的に育てている。

図 3-7　漸伐作業により再生したナラ林の上木の様子
［写真提供：植木達人］

広葉樹の更新は、天然更新である。広葉樹の天然更新においては、動物の食圧、下層植生のベリー（バラ科）の繁茂が阻害要因となる。動物が種子等を食べなければ比較的天然更新しやすい。理事のハンス・ヨルクダム氏は「明るいとベリーが出てきて、樹木の成長の妨げになる場合もあり、このベリーのコントロールが難しい」とのことであった。

ナラ林は樹齢160～190年生、約200本/haの高齢林である（写真3-7)。以下に少し長くなるが、ヨルクダム氏の説明内容を記載する。

「この森林区には高齢級のナラが多く、天然更新を進めるためにイノシシの食圧防止のフェンスを設置している。ここにフェンスがなかったらナラは天然更新できない。発芽してから4～5年待ってナラが確実に上木候補と判断された時点で、現存する上木を切ることになる。なぜならば更新したナラは光を必要とするため、上層の大きな木の被陰は良くないとわかっているからである。このような施業を“受光伐：リヒトヒーブ（Lichthieb)”、または漸伐作業の“画伐作業：フェーメルシュラーク（Femelschlag)”と呼ぶ。

このナラ林では、1ha当たりに6万～12万本の稚樹が発芽する。最終的に200～250本に仕立てる。成林のためには、初期保育の下刈り段階で、ナラ以外の樹種はすべて切らなければならない。上層木がなく光が強く差し込むところはベリーが繁茂してしまう。また更新木が2m以上になったならば、過密のところは除伐により整理すると、幹の直通性を維持しながら直径成長も良くなる。

広葉樹は成長が遅いから整備にとても手間がかかる。ナラが12～15mになったら間伐する。10mおきにどの木を残すか決めてマークし、それ以外は伐採する。2本の良い木があっても距離が2mしかなければ、どっちを残すか決めなければならない。このウィーンの森（第5章5-2参照）のナラは、同じ間隔で残存させるため、年輪幅が狭く均一になる。ナラは1年で平均4mm、100年で直径40cmになり、

150年間で直径60cmとなる。ゆっくりとしたペースで成長するから、どこをとっても材質が同じで品質が良い。樹齢160～190年生のドイツトウヒであればこの期間で2回収穫できる」

これらのナラは、競りで売られ、家具等に使われる。素材価格は300～400ユーロ（4万～5万4,000円）/m^3、一番高かったときは直径1m、通直な材で1,200ユーロ（16万2,000円）/m^3で売れた。搬出はトラックにトレーラーを付けて行う。集材は少しは天然更新木にダメージはあるが、十分な稚樹の量があるため支障はない。

以上より、ここのナラ林を育てるポイントは、次のようにまとめることができよう。

①むやみに皆伐をしない
②広葉樹林は無理な樹種転換、再造林をせず、母樹から自然散布される天然更新を基本とする
③天然更新のタイムスケジュールを明確にし、初期のみ積極的な保育（下刈り）を行い、樹冠閉鎖の段階で除間伐を開始する
④成林への誘導法は保残木を決定し、良い広葉樹はあらかじめ選定して優良資源の持続性を保つ

話を聞きながら林業技術の長い歴史と、一貫した自然の力を利用した施業体系確立への自信と熱意を感じることができた。

3-3　林内路網の整備状況

(1) 路網整備の推移と現状

日本の林内路網の整備指標と比較されるのが林内路網密度である。林野庁資料では日本が1ha当たり21mに対し、オーストリアが89mとなっている。

オーストリアの路網整備は1960年代より積極的に進められ、林業経営が厳しかったといわれている1970～80年代においても継続して開設され、その結果が現在の高い労働生産性に結びついているといえよう。図3-8の連邦有林から民営化され

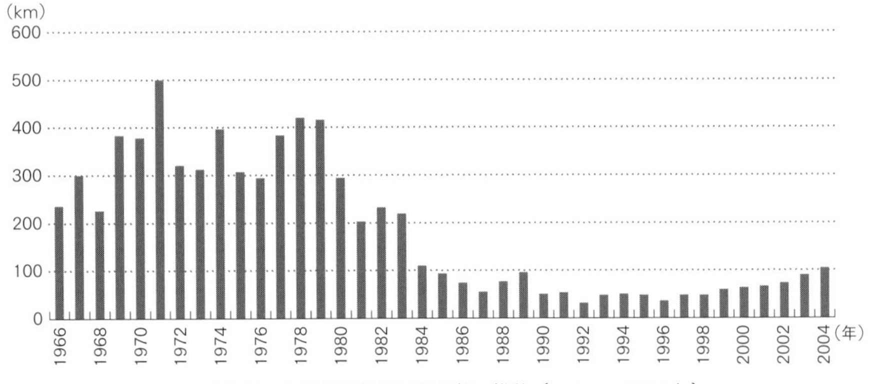

図 3-8　オーストリア連邦林の年間林道作設延長距離の推移（1966 ～ 2004 年）
［出所：Chronik1925-2005, Peter Weinfurter, Österreichische Bundesforste AG］

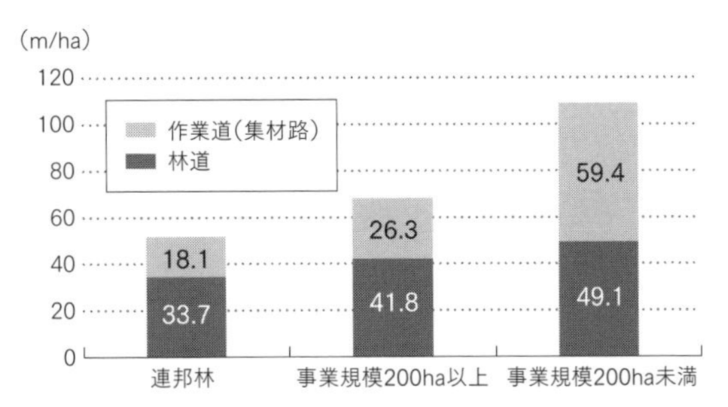

図 3-9　森林所有形態規模別の路網密度
［出所：BOKU エワルド・パトリック博士の資料、Wegedichten nach Betrieben〈m/ha〉（Forstinventur 1992/96）］

たオーストリア連邦林の事例に見るように、1960 年代から 80 年代前半にかけて年間 200 ～ 500km が新設され、この時期までに必要とされる主要路網の整備はほぼ完了したと見ることができる。

また、森林の所有形態によって路網密度が大きく異なり、大規模な所有形態では路網密度が低く、小規模の所有形態では高密度となっている（図 3-9）。遅れ気味であった 200ha 未満の農林家や小規模な事業体の路網整備は、農業用の機械であるトラクタアタッチメント（主にウィンチ）を使用して集材するケースが多く、最大集材距離が 40m 程度のため、高密度路網の必要性が高まり急速に発展したとされている。今日、200ha 未満の小規模森林所有における路網密度は、林道と作業道を合わせておよそ1ha当たり110mであり、小規模林業経営にとって有利な状況を作り上げてきた。そうはいっても連邦林や200ha以上の大規模な事業体でも、路網整備がほぼ完了したといわれており、必要以上に路網密度を高める必要がないと考えられている。

(2) 開設コスト

路網のうち、補助金を活用して開設される林道の標準的なm（メートル）当たりの開設費用は、80ユーロ（約１万円）となっている。オーストリア全土を対象とした標準値であるため、開設現場の地質条件によって費用が異なる（表3-2）。

最も低いm当たりの開設費用は、ドロマイトの固い岩盤の箇所の開設費用で19ユーロ（約2,500円）である。石灰岩では一般に30～80ユーロ（約4,000～１万1,000円）であるが、火薬破砕（発破）や地質が複雑な箇所では100ユーロ（１万3,500円）を超える場合もある。オーストリアでは、ほぼすべての開設に油圧ショ

表3-2　林道開設区分とm当たりの開設費用

開設区分	ユーロ/m	日本円/m
Dolomit (Reisfels) ドロマイト（岩石）	19	2,565
Fräsbaustelle ohne Längstransport 土の移動（流用）なしの粉砕開設	28	3,780
Fräsbaustelle mit Längstransport 土の移動（流用）を伴う粉砕開設	55	7,425
Kalk mit geringem Sprenganteil 少量の火薬破砕（発破）を含む石灰岩	31	4,185
Kalk mit Reisfels ルーズな石灰岩	35	4,725
Kalk mit Sprengfels und Längstransport 火薬破砕（発破）や土の移動（流用）を伴う石灰岩	65～80	8,775～10,800
Flysch mit geeignetem Unterbaumaterial 現場に適した材料のフリッシュ（砂岩・泥岩互層）	30	4,050
Flysch ohne geeinetes Material vor Ort 現場に適した材料なしのフリッシュ（砂岩・泥岩互層）	50＋	6,750

［出所：BOKU エワルド・パトリック博士の資料より作成］

ベル系重機を用いる。地質構造とともに重機のアタッチメントとして、ブレーカーや特殊な掘削機を使用することで開設費用が異なっている。

3-4　機械化林業を支える収穫システム

（1）高性能林業機械と生産性

オーストリアの収穫システムは、日本と同様に車両系と架線系に大別される。日本では以前より、オーストリア式としてタワーヤーダを用いた収穫システムが広く紹介されているが、近年は林業専用ベースマシンに装着したハーベスタ、さらに大型のコンビマシーン（図 3-10）などの車両系のシステムも普及している。

図 3-10　タワーヤーダとプロセッサの作業システム
［写真提供：植木達人］

大規模素材生産には、大型の機械導入が進む一方で、小規模林家（200ha 未満）での素材生産では、比較的小規模な機械が導入されている。典型的なシステムとしては、チェーンソによる伐倒、アタッチメントウィンチを装着したトラクタによる木寄せ（図 3-11）、ハーベスタもしくはチェーンソでの造材、トラックもしくは運材用アタッチメントを装着したトラクタでの運材などが多い。機械が林内走行可能な緩傾斜地では、日本と同クラスの中・小型建設機械をベースとしたハーベスタによる伐倒・集材・造材も行われている。基盤となる路網が尾根部に整備されていることや、トラクタアタッチメ

図 3-11　アタッチメントウィンチを装着したトラクタによる木寄せの様子
［写真提供：斉藤仁志］

ントの選択肢が豊富にあるため、小規模林家が農閑期の機械力を有効に活用し、木材生産を進めている。

図3-12は、作業システム別の集材コストの比較で、左4項目が間伐、右の2項目が主伐の値である。

間伐の場合、材の太さの違いはあるものの、ハーベスタの使用は架線とプロセッサやチェーンソと人力による木寄せ・集材と比べ、そのm^3当たりのコストは3分の2程度（約2,500円）となっている。また、小規模林家がよく使用するトラクタ集材でもm^3当たり約28ユーロ（約3,800円）であり、トラクタの性能に加え高い路網密度が集材コストを引き下げているといえる。また主伐においてもm^3当たり25ユーロ（3,400円）程度であるから、日本の生産コストに比べてかなり低いということができる。

山岳急傾斜地のチロル州ランデック郡では、架線系（タワーヤーダ）のm^3当たりの伐倒と搬出集材コストは、下げ荷時は36～38ユーロ（5,000円前後）、上げ荷時は28～32ユーロ（4,000円前後）、トラクタ集材では20ユーロ（2,700円）程度であるとの説明を受けた。急傾斜地の多い日本においても、多くの改善の余地があると思われた。

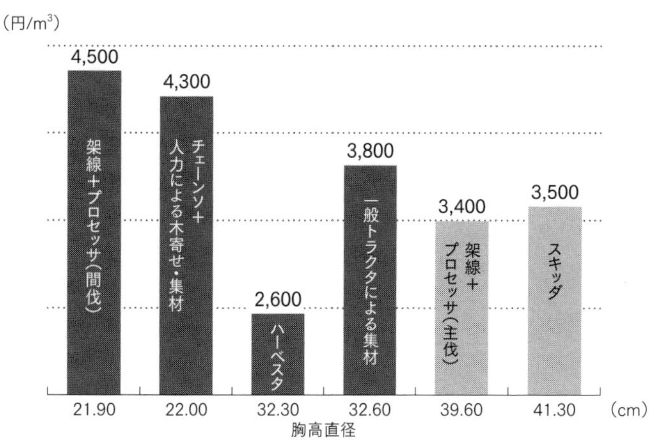

図3-12　Mayr-Melnhof事業体の作業システム別の集材コスト（2011年）
横軸が対応する胸高直径、縦軸が1m^3当たりの集材コスト。

［出所：BOKUエワルド・パトリック博士の資料より作成］

林業機械別の総稼働時間（耐用時間）は、ハーベスタでは1万～1万4,000時間、フォワーダは1万1,000～1万5,000時間、タワーヤーダは8,000～1万時間、トラクタは8,000～1万2,000時間となっている。

一方、年間稼働時間は、ハーベスタの場合は約2,000時間で、架線系（タワーヤーダ）は約1,000時間となっている。ハーベスタの2,000時間の稼働時間は、日本のハーベスタの稼働時間600時間と比べると3.3倍の開きがある。

ただし、オーストリアの機械稼働の特徴として、ハーベスタに限っていえば導入後約4～5年で買い替える場合がよく見られるが、中古ハーベスタの使用も極めて多い。一方、電気系統制御が少ない機械系のタワーヤーダやフォワーダ等は、減価償却とは別に長期間使用するケースが多く、20～30年間使用する場合もある。例えばチロル州ランデック郡で使用されているコンビマシーンのタワーヤーダは1991年製で26年間の使用、プロセッサは2007年製で10年間の使用となっている。加えて現在のオーストリアでは、機械系の林業機械は長期間使用のケースが多く、そのため林業機械の更新が進まない傾向も見られる。

機械化林業が進むオーストリアであるが、特徴として以下に集約されよう。

①大型の新型車両系の導入が進んでいる
②電気制御系の機械の導入は進んでいるが、機械系の耐用期間が長い
③年間稼働時間を想定し、通年の機械使用となっている
④豊富なトラクタアタッチメントが用意されている

(2) 林業機械の進展がもたらすもの

ハーベスタの本格導入は1995年からとされており、2017年までの22年間で40倍以上のスピードで導入が進んでいる。また、大型の新型車両系の導入は、丘陵地、緩斜面の林業地帯や路網が整備されている地域で先行していると推察される一方で、急峻な山岳地帯では、タワーヤーダを主機とした架線系による作業システムが脈々と続いている。

素材生産技術の変遷において、1980年代にはプロセッサと遠隔操作ができる架線集材機が開発され、移動型架線集材機とプロセッサが一体となったコンビマシーンによる全木集材といった新しい集材・運材技術も普及していった。コンビマシー

ンなどの国際基準レベルの品質を持つオーストリア製の特殊な林業作業機械の技術力は、急傾斜地における伐木集材作業を効率化するといった特定のニッチ部門に特化した解決策と、顧客のニーズをより満たすだけでなく、林業技術を輸出産業としてポジショニングするための国内の生産基盤を維持することにも貢献している。

新技術の導入に際して、常に考慮しなければならないのは、効率の改善だけでなく、環境や景観への配慮である。例えば1950年代におけるブルドーザーの導入は林道開設に大きく貢献したが、のちになるべく環境に負荷をかけずに作業ができるバックホーに取って代わられた。さらには路網開設時の法面保護や植生工による対策など、新技術の導入を通じて関連分野にも新しい技術開発の機会をもたらした。その他、土壌をなるべく傷めつけないようなタイヤ素材や作業装備の開発導入、油圧部やチェーンオイルなどに対して、生物分解可能で発がん性物質を含まないオイルを使用する規則などがその例である。新技術の開発と導入は作業機械の経済性、機動範囲と環境への負荷許容性に基づいて素材生産の作業効率が最適化されている。

さらに機械化林業は、生産性の向上だけでなく、労働の安全性と保健衛生的にも有効である。オーストリアにおいては機械化が進むにつれ、森林作業員の数が急激に減少したとされ、BOKUのエワルド・パトリック博士は「その要因は、“機械化”と、大規模な森林所有者の林業事業者への外注による専門分業化にある」と分析している。

この森林作業員数の急激な減少は、現地作業の人手不足を招き、東欧等からの外国労働者への依存といった新たな動きを形成しつつある。

一方で、一つの事業体が伐倒・集材・造材・運搬まで一貫して請け負うのではなく、各作業を独立した作業者がm^3当たりの作業費用契約を行っている現場も多く見られる。所有機械によって作業は異なるが、農業従事者が農閑期にトラクタアタッチメントを用いて集材作業のみを請け負い、造材は大型機械所有者がハーベスタで行うといった組み合わせも行われている。山村地域では農林業に従事する者も多く、トラクタが汎用的な機械として使用されており、豊富に存在するアタッチメントが、減少する地域の労働力を支えていると考えられる。

3-5　合理化・デジタル化された木材流通

林業・木材産業の様々な部分で合理化が図られているオーストリアでは、森林から製材所までの原木流通においても合理化が進んでいる（図3-13)。

オーストリアの原木流通の流れは、直送方式である。まず森林所有者と購買者の間で生産量、規格、価格などの収穫契約が締結され、それに基づき素材生産を行い、生産した木材を林道に隣接した山土場に用途別に集積させる。その後、配送業者が山土場で製材所等の行先別に積み込みを行い、配送契約により指定された需要先に木材を配送する。製材所へ送られた木材は、規格（品質）別に選別・製材され、森林所有者や配送業者への支払いが行われる、という仕組みである。

なお、原木の取引は、「林道渡し」が基本であり、「工場渡し」が基本の日本とは異なっている。

オーストリアの木材流通において、特に優れている点を挙げるとすれば、①直送方式の定着による合理化、②ロジスティクスのデジタル化である。

オーストリアのような直送方式を実現した場合、そうしたコストを削減することが可能となり、収益性の向上につながるとともに、製材工場の原木安定供給・競争力強化にもつながっている。

日本のように原木市場等を経由する場合、原木市場等から製材所までの輸送費や手数料等によりコストが発生するが、オーストリアでそうした体制を実現できる背景には、製材工場等の大規模化により高能率な自動選木機が導入されたことや、大規模なバイオマス需要ができたことなどにより、多様な規格の原木を様々な需要先で適切に利活用できること、加えて主に小規模森林所有者の森林で生産される木材

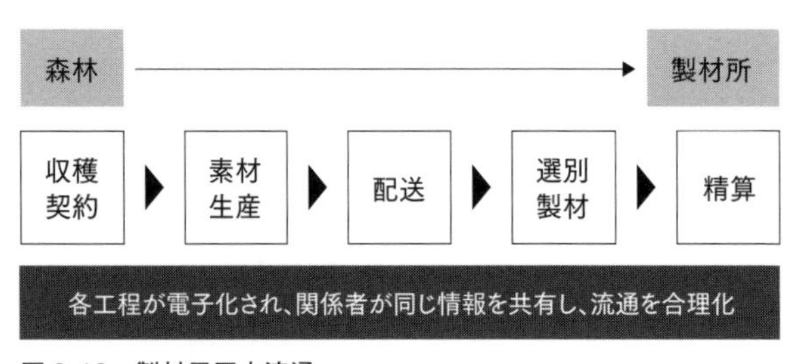

図3-13　製材用原木流通

を共同販売する組織として森林組合連合が機能していることによる。競争力の弱い小規模所有者でも木材の取扱量を増やすことができるのは、仲介役としての森林組合連合の存在が大きく、大規模製材工場等と対等に、場合によっては有利に交渉を進めることができることなどが挙げられる。

さらに先進的な点は、ロジスティクスのデジタル化が広く普及している点である。オーストリアでも約10年前までは、紙媒体による発注書等を用いた流通が主流であったものの、近年はデジタル化が広く普及している。その要因は、近年の情報通信技術の発展に伴い、ロジスティクスを管理するデジタル技術が生まれ、さらにスマートフォンの急速な普及により、その技術を誰もが利用できるようになったことにある。例えば、オーストリアのドライバーの約4割は、Felix Tools社の運送管理アプリ（FrachtGO）を使用している。その他の約6割のドライバーは、依然として紙媒体による発注書等を用いているか、Felix Tools社以外の運送管理アプリを使用しているが、表3-3にあるようなデジタル化のメリットを考慮すると、今後、急速に普及することは間違いないように思われる。

デジタル化のメリットは、一言で言うならば、ロジスティクスの各サイクル間でリアルタイムの情報共有が可能となったことにより、労働者の生産性向上や流通の

表3-3　ロジスティクスの各サイクルにおけるデジタル化のメリット

サイクル	メリット
素材生産	生産性向上、人員の適正配置　など ・伐採作業員が、伐採する森林の場所や方法、量、品質等をスマートフォンでリアルタイムに受け取ることが可能となり、連絡調整、移動時間、作業工程等を合理化。
運搬	運搬コストの削減、運搬量の増加　など ・運搬ドライバーが、山土場の場所、量、配達する製材所の場所、最適経路等をスマートフォンでリアルタイムに受け取ることが可能となり、運搬経路、運搬時間等を合理化。
製材	製材所の生産性向上、原木処理量の増加　など ・製材所等は、運搬されてくる原木の状況をあらかじめ把握できるため、現在の工場稼働状況を踏まえ、効率的な原木調達を実現。
森林所有者への還元	森林所有者の利益向上、透明性の確保　など ・森林所有者は流通状況や精算結果、市場分析等をアプリ上で把握することが可能となり、収益性を向上。

合理化によるコスト削減が飛躍的に図られたことである。こうした動きは日本でも起こりつつあり、今後デジタル化の導入は必然であると考えるが、そうした場合先駆者であるオーストリアの取り組みに学ぶべき点は多い。

3-6　林産業の基本構造と特徴

第二次世界大戦後、木材はオールドファッションな（古くさい）素材とみなされ、デザイナーや建築家は新素材を好み、木材には未来がないと考えられていた。しかし1970年の石油危機の際に再生可能な素材が改めて見直され、先見性のある木材加工関係者がその機会を着実につかんだことによって、現在の木材産業の成功がある。

オーストリアにおいて木材生産・加工は第一次世界大戦後から国内景気を支える数少ない主要輸出品目の一つであり、素材生産・木材加工なしにはその戦時期間の過渡期を乗り越えられなかったと言われるほど重要な基幹産業であった。第一次世界大戦期には集材搬出インフラがないため、急峻な山岳域の木材資源は伐採されずに残ったが、第二次世界大戦後のドイツ復興に伴う輸出需要の高まりとともに、素材生産分野の生産性向上は重要な課題となっていった。1970～80年代の素材価格は高止まりだったが、それ以降は減少に転じている。伐木集材費も減少したが人件費は上昇し、木材価格と生産費の差はほとんどなくなった。

そして1990年以降の高速製材ラインの導入・普及により、製品生産量は飛躍的に伸びた。それでも人件費の高騰による林産業・木材加工事業体の統廃合の波は続き、1990年代から顕著になったバイオマスエネルギーの技術革新と用材需要拡大、そして1990年代後半に行われたオーストリア連邦有林の民営化（全株主はオーストリア連邦）と改革、製材所のさらなる統廃合による林産事業体の減少など、林業関連の組織の改編は間断なく起こっている。

オーストリアの林産業の特徴は、多くの中小規模の製材所と少数の大規模製材所で構成されていることであり、現在においても中小規模の製材所の多くが家族経営である。しかし製材部門は、1960年代に約4,400あった事業体が2017年時点ではその約4分の1以下の1,019事業体にまで減少した。現在オーストリアでは国内年間製材生産量の9割が約40の大規模製材所で占められている。日本と同じように、過去数十年の間にオーストリアでもグローバル経済の流れの中で、製材事業体自体の規模の変化が起こっている。これまで中小規模の事業体は国内林産業部門の重要な役割を担っているが、生き残りが難しくなってきており、規模の経済が強く求められる現在のビジネス環境においては、事業体の規模と立地、経営戦略がとりわけ重要な生き残りの決定因子になっている。

最近日本では、1990年代にオーストリアを中心に発展してきた木質構造用材料CLT（Cross Laminated Timber）が、2013年にJAS規格化されたことから注目を集めている。しかしながら、木材の天然素材としてのコンパクトさ、軽さや加工のしやすさなどの優れた物理特性はもっといろいろある。木材は紙製品や家具から始まり、建築用素材として見てみれば内装・化粧材、防音素材、床・屋根・外壁材、集成無垢構造材、プレカット・削り出し素材、他素材と木材を組み合わせたハイブリッド複合材、さらには今日、先端技術開発で脚光を浴びている木質繊維や化学の分野にまで拡大すれば、もっと様々な付加価値がつく可能性がある。CLTは多くの可能性の中でのほんの一つの製品例にしか過ぎない。しかも一つの製品の需給構造は過去数十年同じではないことは歴史が物語っており、多くの事業体が似たような製品だけを作り続けるならば、結果的には同類製品による市場飽和で価格は崩壊し、長期的に見ればビジネスが立ち行かなくなることは自明である。森林関係者はCLTのようにどこかですでに確立されたアイデアに追従するだけでなく、自らの創造性を駆使して、木材の素材としての利用範囲を無限に広げる努力を続けていくべきであろう。オーストリア国内では住宅件数が過去20年間で増加傾向にあり、建築構造材としての木材の需要がさらに高まってきている。またエネルギー資源としての木材の需要増加も見逃せない（第7章参照）。

今日、オーストリアの林業と林産業は17万2,000の事業体が存在し、生産額も約120億ユーロ（約1兆6,200億円）を超えることから、産業としての経済的な位置づけは高い。こうしたことは就業者数にも表れ、約30万の人々が雇用され、一般建設業の25万人、保険・社会サービスの23万人を凌いでいる。

オーストリアの林産業は製材業のほか、木造建築業、製紙・チップボード産業、スキー産業、家具など様々な分野で構成されている。2017年の林産業の生産額は78億7,000万ユーロ（約1兆620億円）である。国内には1,350の木材加工事業体があるが、うち1,019事業体は製材所である。[*5]

また2017年に利用されたと想定されるすべての木質資源量（幹や根、枝葉等々のすべてを含む）は、図3-14に示すように2,340万 m^3 と見積もられ、そのうち、経済活動に供されたものが2,060万 m^3 であったとされている。このうち木材チップとして290万 m^3、薪材が260万 m^3、紙・パルプ等の産業用丸太として270万 m^3 が生産・供給され、輸入丸太等を含めて1,960万 m^3 が製材工場に搬送されている。

さらに製材工場で樹皮が220万 m^3 発生し、560万 m^3 が海外に輸出され、420万 m^3 の製品と760万 m^3 の端材等の副産物が生まれることになる。大量に発生した副産物は、このあと、木工・板・パネル産業やチップ加工等を経てパルプ生産部門やエネルギー生産部門へ送られることになる。

このように、山から切り出されてきた木材は、川上から川下までのチェーンが途切れることなく、ほぼすべてが利用され価値を形成している。こうした木質資源の徹底利用がオーストリアの林業・林産業を支えている。

ところで、オーストリアの大手製材工場の位置づけについて確認してみる。オーストリアに本社を置く大手製材所はヨーロッパの大規模製材所上位20社のリストに3製材所が食い込んでいる[*6]。チロル州に本社を置くビンダー・ホルツ社は2012年には年間80万 m^3 の生産規模で20位だったが、2017年には年間生産量は290万 m^3 に達しヨーロッパ第2位の生産規模になった。製材所の集約化は進んでおり、工場当たりの生産量は確実に上がっている。

3-7　差別化とカスケード利用による中小製材工場の生き残り戦略

【事例1】ZECHNER Holz GmbH

ZECHNER Holz GmbHは1901年創業で、現在4代目となる老舗の製材工場である。会社の案内を引き受けてくださったのは、同製材工場の事務、営業担当を任されているモニカ・ツィッヒャー氏で、シュタイアーマルク州の製材所代表（経済会議所の代表理事）、さらには林業で働く女性会の会長も務めている。また地域では小規模林家と小規模製材工場をつなぐコーディネーターとしても活躍されている。

1960年にはシュタイアーマルク州内に1,000以上の製材工場があったといわれ、

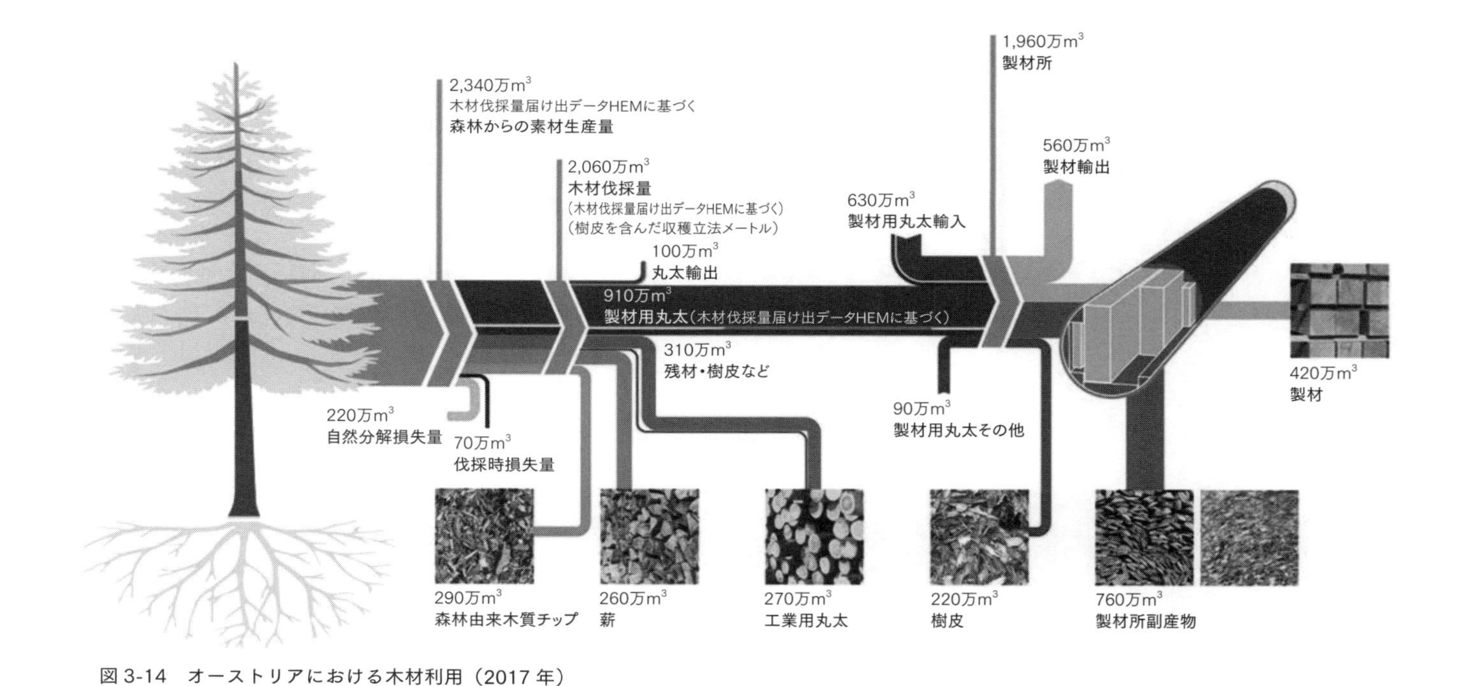

図 3-14　オーストリアにおける木材利用（2017 年）

［出所：Holzströme in Österreich 2017, Copyright: Bundesministerium fürNachhaltigkeit und Tourismus］

それが現在では160工場にまで減少し、うち3工場が大規模な製材工場である。小規模工場は一般に家族経営であり、原木は地元の山林から仕入れて、製品は地域や国内だけではなく、場合によっては海外にも販売先を展開している。しかしシュタイアーマルク州は木材供給量が不足気味であるため、原木価格が他地域に比べ3割ほど高い（ヨーロッパで最も高いらしい）といわれ、さらに製材品価格は世界と競合するため、小規模工場の経営は苦しい。

ZECHNER Holz GmbHの年間の丸太使用量は約5,000m^{3}であり、製品生産は約2,500m^3（チップは含まない）である。原木はトウヒ、アカマツ、カラマツ、モミの3～14m材を扱っている。丸太の買い付け先は50km圏内であり、11月頃からの冬期間に原木を購入し、4月以降は仕入れを行わず、年間を通して加工する。購入先の8割は固定林家である。2008年の大風害に遭った年は、買い付け林家の8割から入手が困難になり、その結果、森林組合連合を通じて小さい林家から購入することになった。固定林家でない場合は、直接山に入って交渉する。かつて小規模林家は地元の製材工場に来て、「私の山を見ませんか」と尋ねてくることが当たり前で、先代は仕事の8割を山見の時間に費やしていた。

地域の小規模林家は地元の製材工場と連携し、パートナー的関係にある。また原木購入に当たっては規格外の原木を仕入れることにより単価を上げ、小規模林家への経済的支援をすることによって結びつきを深め、大規模工場との差別化を図っている。

ZECHNER Holz GmbHでは、角材や板材生産が約60%、背板が35%、チップが5%である。

図3-15　ZECHNER Holz GmbHの土場　［写真提供：植木達人］

製材される原木は山主ごとにリングバーカーに投入され、１本ずつ3Dレーザーで検尺（長さ、直径、材積）され、パソコンで管理される。材質は目視（節や腐れのチェック）で確認され、等級入りの単幹ごとのデータが一覧表によって出力される。

製材は角材や板材生産がメインであるが、わずか一枚の注文でも挽き、また形状が平行四辺形などの特注品にも対応し、大規模工場との差別化を行っている。カラマツのねじれは心去り材に加工して対応するが、一般的にねじれは許容され、ヤニがあるものはテラスの基礎部分に活用するなど、多様な用途を意識した生産が行われている。

図 3-16　工場内での製材作業　［写真提供：植木達人］

乾燥は12mまでの長尺材への対応も可能で、これも一つの強みとしている。また天然乾燥も実施し、木が本来持っている独自の色や艶を大事にしたいというこだわりがある。小さな製材工場は他がやらないことをやらないと生き残れないという考えから、新月伐採による原木を仕入れ、天然乾燥後に加工、仕上げ、販売も行っている。

図 3-17　平行四辺形の特殊用材
［写真提供：植木達人］

この工場では製材品の販売だけではなく、バークを庭の敷き材として販売しており、チップは自社所有のチップボイラーの熱源として利用したり、地域の暖房用として販売したり、場合によっては家畜小屋の床敷用にも販売している。

木材はカスケード利用することが大切であることを強調された。

オーストリア人には「木は自然物であり、ねじれたり、ヤニが出たりするものなので、そのまま使うことを“良し”とし、自然の素材を大事にする傾向にある」という考え方があるようだ。

労働環境は、労働時間は6～14時の8時間勤務となっており、途中に1時間の休憩を挟んでいる。この工場では5人体制で仕事を回しており、従業員は25年前から同じ人を雇用しているとのことである。賃金は、月1,600ユーロ（21万6,000円）で2ヶ月分のボーナスを含んで2万2,400ユーロ（302万4,000円）である。さらに個人への保障等に対する会社の負担は1人当たり3,500ユーロ（47万2,500円）である。この地域の生活費（家賃や食費等）は都会に比べるとかなり安く済むことから、この給料でも十分やっていけるとのことである。

またツィッヒャー氏は最後に、オーストリア林業の状況について以下のように語った。

50年前は20万m^3の製材工場はNo.1だったが、今は一番小さい部類となった。小規模製材工場は大規模製材工場との価格競争に巻き込まれつつあり、値段の固定化により小規模製材工場の淘汰が心配な状況にある。このままでは大規模製材工場に小規模製材工場が駆逐されるのではないか。地域社会の仕事が減っていき、地域の疲弊が進む恐れがある。そのためにも地域における持続性のある林業は守られなければならない。また地域外に地元の材を売るのは、地域林業の持続性が担保されないことを意味する。大きな製材工場はグローバルに商売をすればいい。小さな製材工場の存在意義は別のところにある。そのためにも持続性のある社会を支える消費者や子どもたちの教育が必要である。現在、経済会議所（WKÖ：製造業や建設業等の第二次産業の指導、支援等を行う）では製材工場から3ユーロ/m^3の宣伝費を徴収している。大規模工場は強制であり小規模工場は任意である。また農林会議所（LKÖ：詳細は第4章参照）でも林家から任意で徴収している。45％の林家がそれに応じている。宣伝は有効に行われ、地域の宣伝活動に対する住民の評判はおおむね好評であるとのことである。

【事例2】Zirbenshop & Sägewerk - Josef Reinstadler

Reinstadler製材工場は、チロル州インスブルックの西約60kmのイムストという町からさらに南に10kmほどのイェルツェンス村にある。

この製材工場はセンブラマツを専門に挽く工場であり、家具材や日用品、工芸品等の加工の他に、センブラマツから抽出した“ツィルベンオイル”（アロマオイル）を販売している。

センブラマツは成長が非常に遅く長寿の木である。したがって使用する材も樹齢数百年のものだ。またチロル地方のセンブラマツの資源量は豊富であり、少なくとも現時点では材の供給量に不安はない。また材も節も柔らかいため加工しやすく、香りも長く続くことから、チロル地方では古くから農家の構造材やベッド、家具などの様々な生活品に使われてきた。またツィルベンオイルの抽出は材からだけでなく、皮も枝もすべて無駄なく使うことができる。オイルは芳香剤や安眠剤として、また防虫効果もあることから高い値段で販売できている。

センブラマツ製材品の顧客は彫刻家等の芸術家のほか、家具屋や木工職人であり、彼らから電話で注文を受け、お望みの寸法・規格に合わせて製材している。

この工場は先代によって1928年に創立され、およそ100年になろうとしている。オーナーは、1965年から68年までザルツブルク州の木工学校に通い、1969年から創業者の父の跡を継いで60年にわたり、この製材工場を経営している。その一方で、1970年にホテルを建て、複合経営を行っている。製材工場の従業員は主に兄と妻、息子の4人の家族経営である。

製材工場の原木使用量は年間500～600m^{3}である。現在のようにセンブラマツに特化した製材を行う前は、トウヒやカラマツも扱っており、合わせて年間900～1,200m^{3}を挽いていた。しかしセンブラマツの原木価格が、以前はm^{3}当たり150ユーロ（約2万円）であったが、香りや成分が健康に良いと明らかになったことによって300～400ユーロ（約4万～5万4,000円）に高騰し、取扱量を減らしても十分安定した経営になった。ちなみに一番高い材は彫刻用材で、太くて無節の心材部

図3-18　工場敷地内の様子　［写真提供：植木達人］

分であれば、およそ1m^{3}当たり1,000ユーロ（13万5,000円）で販売できるとのことである。

センブラマツの調達元は99％が地元のピッツ谷の林家からであり、まとまった量が出れば自らも伐倒・集材する。一般に、山土場の価格で購入するが、地元の森林組合からも出材の情報があれば調達する。購入した材の運搬は、自前のトラックを使用したり業者に依頼したりする。センブラマツだけ枝葉も含めすべて持ってくる。原木の長さは、通常4mだが、3～6mまで0.5m刻みで購入する。

図3-19　ツィルベンオイルの蒸留タンク

［写真提供：植木達人］

図3-20　工場敷地内にある販売店

［写真提供：植木達人］

乾燥は天然乾燥であり、特に高級材や特別用材は2～3年かけている。したがって乾燥機は持っていない。また建物や工場の電力は、100年前から自前のタービンを使用し、110mの水落差を利用する自家用の水力発電（1,900kW生産）ですべて賄っている。地元の多くの製材工場は川辺に建設されていて、昔から水力による自家発電を行って操業している。こうした伝統的なエネルギーの自己生産・利用は今でも続いており、近年ではチップボイラーやペレットボイラーとの併存も見られるようになってきている。

なお、この製材工場で生産されるツィルベンオイルは、不純物のない100％アロマオイルである。センブラマツの幹はもちろん、その他の端材、カンナ屑、枝や葉をオイル原料に使用している。ピュアなツィルベンオイルは、150kgのチップを7～8時間蒸留しておよそ200ml採れる。これくらいの小規模な生産量でも、自家発電しているからこそ経済的に成り立っている。オイルが抽出されたチップのかすは、燃料用や公園の敷材として1層積当たり約20ユーロ（2,700円）で売っている。結局ゴミは一切出ない工程となっている。

以上見てきたようにReinstadler製材工場は地域の特徴ある材に着目し、その特殊性を活かすことによって大手製材工場（例えば近隣で操業したPfeifer製材工場）との差別化を図ってきた。ホテル経営と製材工場の複合経営を実践し、製材工場としての生産量は決して多くはないが、付加価値化によって経営の安定を図り、さらに小水力による自家エネルギー生産、端材や木屑、枝・葉にいたるまで資源を余すことなく活用し、副業的に始めたツィルベンオイルも人気商品として知名度を上げている。こうした複合経営や地域材の付加価値化とカスケード利用は、地域の小規模製材工場の生き残り策として示唆を与えるものであろう。

1：SUSTAINABLE FOREST MANAGEMENT IN AUSTRIA Forest Report 2015. Federal Minister of Agriculture, Forestry, Environment and Water Management
2："An Overview of Forest Management in Austria" Valerie Findeis Nova meh. 37. p.73
3：Forest Report 2015, p.105
4：2014年の聞き取り調査より
5：Branchenbericht der Österreichischen Holzindustrie 2017/2018 , WKO ; https://www.wko.at/branchen/industrie/holzindustrie/branchenbericht-2017-2018.pdf
6：https://www.holzkurier.com/schnittholz/2018/05/europas-top-20-nadelschnittholz-produzenten---2017-plan-2018.html

第4章　中小規模林家と地域の林業を支える組織体制

中小規模農林家や地域の林業を根底から支えている農林会議所（Landwirtschaftskammer：LK）、森林組合（連合）（Waldverband：WV）などの半官半民的な支援組織体制は、オーストリア林業の一大特徴である。これら組織は、中小規模農林家のための利害調整を図り、共同販売で競争力をつけ、さらに木材の安定供給を確実にするなどの業務支援を行っている。中小規模の林家が経営力を備え、連邦政府に対して一定の発言権を持つ、こうした制度的枠組みとボトムアップ（地域主体）的な構造とは一体どういうものなのか、中小規模の林家を支える諸機関、農林関連団体の構成と役割について見てみよう。

4-1　農林家の支援団体――オーストリア農林会議所と州農林会議所

1860年以前には農民の利益を代表する組織はなかったとされているが、皇帝支配の終焉と農地解放によって農民の利害代弁システムが始まる素地が生まれた。1868年と1873年の農業会議（農民代表者会議[*1]）は法案に基づいて農業会議所を設立することを政府に要求した。まず1922年にニーダーエステライヒ州で最初の州農林会議所（州LK）が設立され、その後の10年間に各州で相次いで設立された。1957年にウィーンを最後にすべての州でLKが設立された。1923年、各州の農林会議所は共通の連邦組織「オーストリア農業会議所大統領会議」を結成したが、第二次世界大戦によって1938年に解散し、大戦終了後の1945年に活動が再開された。そして再び1946年に農業と林業の専門家を代表とする農林業会議所大統領会議が設立され、1953年の政府との合意により、現在のオーストリアの農林家支援団体としての中核を担う連邦レベルの組織としてオーストリア農林会議所

(Landwirtschaftskammer Österreich：LKÖ）が正式に設立され、独自の法的人格を得た。

このようにLKの成立は、まず行政的に独自性が強い州レベルのLKが整備され、これによって州LKの諸要求を政府に提案する仲介者・調整役としてLKÖが重要な役割を担うことになる。

(1) EUレベルでも活動するLKÖの構造と運営体制

LKÖは連邦全域をカバーし、理事会によって運営され、理事会メンバーは19～36人の各州の代表者で構成される。理事会はLKの利益を代表する義務を負い、その上位機関として総会が位置づけられる。総会は最高決定機関として、総裁、副総裁および専門委員を選出し、予算額（配分額）を決定する。また委員会および諮問委員会が組織され、その分野は植物生産、牛乳生産、家畜生産、特用農林産物、ワイン生産、有機農業、農村開発、エネルギーと気候、森林および木材産業、法律、税制、社会政策、教育文化政策、高地農法、若い農林業従事者、女性農林業従事者と多岐にわたる。

またLKÖは、農業および林業セクターの全体的な状況を改善し、国家およびヨーロッパレベルで共同の利益を増幅させている。

1995年にオーストリアがEUに加盟してから、LKÖの活動もEUレベルまで拡大し、それ以降、EU28加盟国で議論される課題を国内でも検討する必要があるため、組織運営が非常に複雑になってきているといわれている。EUとの議題の中で特に重要なのは、補助金政策等の直接的に農林家の利害に関わる案件を、LKÖが彼らの意向をボトムアップ的になるべく多く吸い上げて、EUにどう伝えるかということである。農業関連の利害をまとめているEU最大の農業生産者団体である欧州農業組織委員会（Committee of Professional Agricultural Organisations：COPA）がEU加盟国のすべてに存在し、LKÖもそのメンバーとなっている。LKÖはCOPAの活動に参加し、オーストリア国内の状況を説明するとともに、様々な提言を行っている。LKÖ本部のカシミール・ネメストティー氏は、「EUの議会で決める話と、国内の農林家に関する話との間に、非常に距離が出てきており、その溝は大変大きい。必ずしも国内の農林家の意向がEUに伝わっていかない。そこが難しいところです[*2]」と語った。

LKÖの国内に対する役割は、主に政府に対して法律や規制案等を提案したり、専門家の意見や考えを伝えることである。そのためにも各州LKの協力と農業関連セクターとの関係を強化し、アドバイス業務の調整と管理を行っている。

こうしたことからLKÖは、「農業と林業は、社会の要請とニーズを満たすことに直面している。市民は、高品質で健康な食べ物を求め、清潔な飲料水を期待し、再生可能エネルギーと再生可能資源を支持している。これらの要望を満たすためには、土地、水、空気の基本的な自然資源を維持・保全することが重要である。LKÖは、農業・林業事情の外界への訴え、専門家パネルの活用、アイデアとシンクタンクの原動力として、また土地所有者だけでなく農業および林業の利益のプラットフォームおよび代弁者として、農業協同組合等の積極的な調整役およびサービスを提供*[3]」することを掲げている。

ネメストティー氏は、LKÖおよび州LKの林業・木材産業について、「オーストリア国内の17万2,000企業で使用される木材の約8割が材料に、残りの2割は熱およびエネルギー供給に使用されている。木材の普及、特に“化石燃料の代替”は、農村地域の積極的な発展のために不可欠な駆動力である。オーストリアで年間約1,850万m^3の木材が収穫されており、LKはタイムリーに木材収穫を扱う木材生産の計画と販売、また少量のマーケティングや小規模森林所有者の森林管理までも支援している*[4]」と評価している。

さらに今後の重点事項として、中央ヨーロッパに蔓延するキクイムシ被害と気候変動への対応があり、また木材の積極的使用について「木造住宅は、製造過程でCO_2を大量に排出する他の材料に代わるものである。木材製品はCO_2無害なエネルギーキャリアとして使用され、耐用年数が終わると再び有害な化石燃料の代替に取って代わることができる。したがって、木材の包括的な使用は、気候保護への積極的な貢献である。この“バイオ経済”を通してのみ、化石燃料からの排出抑制が成功する*[5]」と訴えた。

(2) 州LKの構造と活動体制

州LKの会員は、「国の法律に準拠し、農地・林地の所有者（農林家）、農林業事業者、これらの施設に雇用されている従業員、農林貿易関連事業体と協同組合およびその管理者*[6]」で、1.0ha以上の土地を持っている農林家のすべてが加盟する義務

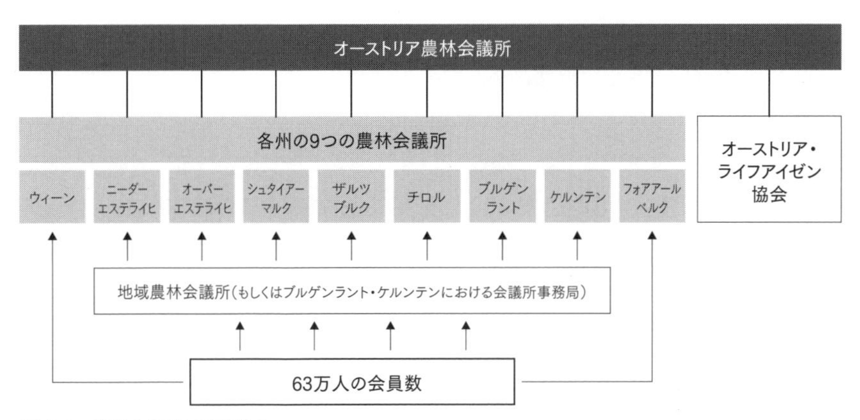

図 4-1　農林会議所の組織図
［出所：Interessenvertretung der Land- & Forstwirtschaft in Österreich. Kasimir P. Nemestothy BOKU での報告資料より（2017.10）］

があり、必ずしも所有者と事業者は同一でなくてもよい。法人である農業組合や森林経営組合等の団体、大きな林業経営事業体の経営者や職員も加盟できる。2017年10月現在の会員数は63万人、法人組織も16万1,200の事業体が加盟している。

州LKはLKÖの下に州ごとに合計9つある（図4-1）。さらに州LKの下に郡レベル、市町村レベルのLK（以下、地域LK）が組織づけされている（ただしLKウィーンおよびLKフォアアールベルクは除く）。地域LKは、オーストリア全体で80組織を数える。すべての会員は、自由かつ公正な理事選挙に参加する権利を持っており、通常、理事は5年ごとに選出される。地域組織は会員をサポート・助言し、法律で委任された任務を遂行する。地区委員会、ワーキンググループ、諮問委員会と農林業に関する専門部門をそれぞれ置いている。

州LKの職員は州政府の公務員とは違うが民間ではない。事務所は公共施設であって通常は独立した建物である。組織は、例えば州LKの一つであるケルンテン州のLKケルンテンでは通常200人の職員がおり、職員と評議員の半分はLKケルンテン事務所で働いている。LKケルンテン事務所には9つの課があり、農林業の法律関係、農業（畑）関係、動物関係、林業関係、広報関係等で約100人配属され、残りの100人は地域LKの事務所にそれぞれ4～5人が配属されている。LKケルンテンに所属している森林官は5人であり、他に2人のバイオマス・代替エネルギ一の担当者がいる。

州LKの予算は、各州の州法によって定義されている。その予算は、1/3が加盟員からの賦課金（おおよそha当たり10～15ユーロ〔1,350～2,000円〕）、1/3が州政府の予算、1/3が連邦予算となっている。予算は中長期的に州LKの予算が決まり、それをもとに年次配分が決まる。農業人口や林業人口が減ると加盟員の賦課金や州内の事業も減少するため、必ずしも安定しているわけではない。

州LKの役割として、一つは農林家の代表であり、政治的な役割を持っている。農林業の法律等を改正するときや最低賃金を決定する際に、地元の意見を出すことができる等、州内の農林家のための組織といえる。連邦政府が法律を策定する際、もし州LKが反対すれば簡単には成立しない。また州LK代表は法律を変えるときだけでなく、様々なプラットフォーム（調整や共用に資する基盤）の代表としての役割も果たしている。

もう一つの役割は、直接農林家へアドバイスと教育をすることである。これは主に地域LKの役割となるが、例えば森林の経営計画（図4-2）は林家が自分たちで作成するのが基本だが、計画策定が難しければLKがアドバイスを行うか、または代行して作成する（1ha当たりの作成費：15ユーロ〔約2,000円〕）。教育は様々な農林業の講習会（パソコン教室等）を開催し、農林業経営だけでなく、農村地域の伝統を継承する事案や料理教室等も開催している。

すべてのLK組織の活動内容を示すと、主に以下の4つの柱となっている。

図4-2　ケルンテン州LKに保管されている1918年の森林経営計画書（10年間計画）
森林経営計画書（左）と計画書内の林道設計書（土量計算図、右）。　［写真提供：松澤義明］

①利害調整・利益代弁（あらゆる面であらゆる分野において農林業の利益を代表する）
②アドバイスとサービス（農林業関係者に法的、経済的、技術的、社会的助言の提供）
③管理業務（補助金の行政関係の手続き等）
④教育とトレーニング

LKは中小規模の農林家に対し常に対話を基本とし、木材の生産から販売にいたるすべての局面、また森林管理全般における良き地元のパートナーとして、オーストリア林業を根底から支えているといっても過言ではない。

4-2　生産者に寄り添う金融支援組織

(1) 農家のための金融支援組織

LKÖの理事会に参画するオーストリア・ライフアイゼン協会（Österreichischer Raiffeisenverband：ÖRV）は、約1,600の協力組織と210万人以上の会員を持つ独立した農業協同組織金融機関[*7]である。ÖRVは、日本でいうところの農業協同組合信用部門または信用組合である。1898年5月に「農業協同組合総連合」という名称で設立され、1960年6月の総会で現在の名称になった。

“ライフアイゼン”の名称は、19世紀のドイツ・ウェスターヴァルトの市長を務め、農民の経済的苦境を緩和する協同組織の金融機関システムを構築したフリードリッヒ・ヴィルヘルム・ライフアイゼン（Friedrich Wilhelm Raiffeisen：1818－1888）の名を冠している。

19世紀初頭までの農民は、自分たちの生活のために農作物を生産し、その残りを売るという経済形態をとっていた。すなわち農業は産業として未発達の段階にあり、農作物を商品として売って現金を回収する経営にいたっていなかった。そのため農民は常に借金に追われていた。収穫を終えると一息つけた家計も、次の収穫期を迎えるまでに、資材等を買うための資金をつないでいく必要があった。しかし借金をするにしても高金利であり、結局、借金を返済できないまま困窮する農家が続出した。その一方で、貴族や富裕層が、農家が手放した土地を買い占め、農地を拡大していった。例えばシュタイアーマルク州の農家では資金難の生活に追われ、土地を手放した農民が工場の賃労働者として流出していった。このような金銭的な借金苦から解放するために、“ライフアイゼン”という組合を作り、農民のための資金作りを始めた[*8]といわれている。

オーストリアでのライフアイゼンの協同組織金融機関システムは1886年に、ニーダーエステライヒ州ミュールドルフに初めて導入された。10年後の1896年にはライフアイゼン制度に基づく貯蓄と融資の資金は軌道に乗り、それ以後、120年以上にわたってこのシステムは定着し、今日まで設立当初の組織形態を維持している。

(2) ÖRVの活動

ÖRVはLKと異なり、農家が1.0ha以上の土地を持っていたとしても加盟義務はない。現在は協同組合組織となっており、設立当初からの信用協同組合や農業協同組合に加えて、生活用品や農林業資材等の購入・販売、住宅協同組合も含む協同組合グループとして活動[*9]を行っている。

ÖRVの主な活動は、以下のとおりである。

①若い起業家のための資金をはじめとする様々な支援
②規模やビジネスモデルにかかわらず協力したい企業向け支援
③市民と地域社会、地方や地域のサービスを確保する活動に対する支援
④保健および教育、農業、貿易および工芸におけるあらゆる種類のサービスプロバイダー組織に対する支援
⑤エネルギー、文化、社会問題解決のための支援

またLKとÖRVの支援はともに農家や林家等の利害に関わることから、連携が緊密で、切っても切り離せない関係にある。連邦レベルでは、各州の連携・協働や調整を進め、さらに両組織とも農林業政策に関する国への強い影響力を持っていることから、政治的な側面も色濃く、LKとÖRVともに加盟者や組合員の票を集められる組織として、農林業政策支持政党に強い影響力を持っている。

4-3　林家の強力サポーター——森林組合連合

オーストリアの森林セクターは、川上から川下までの連携・協力が日本と比較にならないほど進んでおり、これらは連邦レベル、州レベル、地域レベルにおける行政間連携においても同様である。林業が一大産業であるオーストリアでは、地方レベルから系統立てた組織を強化するとともに、様々なサービスや情報提供、さらには政府に対する一大ロビー団体として発展してきた。

森林組合連合は農林会議所の傘下機関として、各地に分散する森林組合を基盤に農山村部の中小森林所有者を支援している。森林所有者のまとめ役として木材を集積し、そのスケールメリットを活かして安全で確実な流通を確保し、高い交渉力によって有利な販売や付加価値化の実現につなげ、地域の中小林家の利益に貢献する強力なサポーター役を担っている。

(1) 森林組合連合の構造と運営

森林組合連合は、ウィーンに本部を置くオーストリア森林組合連合（Waldverband Österreich：WVÖ）、ウィーン州を除く８つの州の森林組合連合（州 Wald-

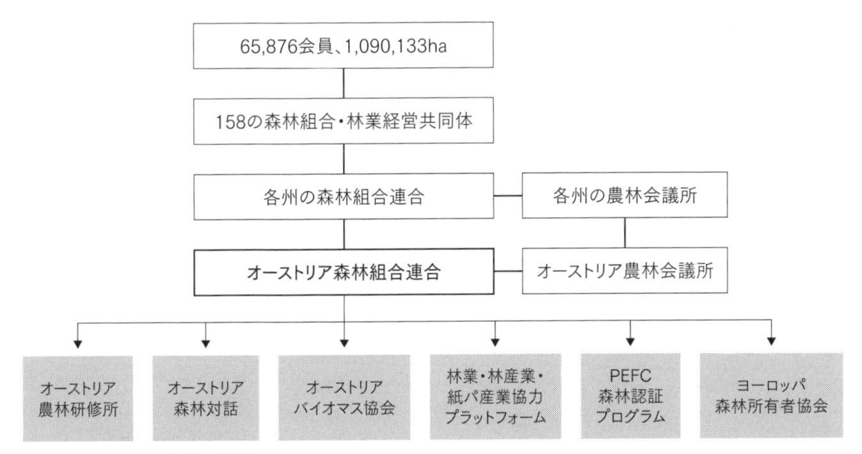

図 4-3　森林組合連合の構造
［出所：Interessenvertretung der Land- & Forstwirtschaft in Österreich.　Kasimir P. Nemestothy.　BOKU での報告資料より（2017.10）一部修正］

verband：州 WVB)、州 WVB の出先機関として 158 の地域の森林組合・林業経営共同体（地域森林組合：地域 Waldverbände または地域 WVB、地域林業経営共同体：地域 Waldwirtschaftsgemeinschaften または地域 WWG）がある。全国の森林組合に加入している組合員数は約 6 万 6,000 人であり、また彼らの保有する森林面積は約 109 万 ha に達し、オーストリアの全森林面積の 27％に当たる（図 4-3)。

WVÖ（本部）と州 WVB は、農林会議所（LK）の林業専門組織として位置づけられており、森林・林業に関するあらゆる場面で重要な役割を果たしている。

日本の森林組合と異なる点は、自ら素材生産は行わないということである。主な役割は小規模林家の生産材の共同販売であり、彼らが生産する原木をまとめて買い付けることで、大ロットで安定的な供給を可能にし、大手の製材工場等に対して、より有利な条件で原木を販売することである。また、小規模林家が生産する小径材や低質材をバイオマス用に加工し、地域の商流調整を行い、地域の利用者のために販売する「バイオマスのスーパーマーケット」としての機能も重視している。このように森林組合が小規模森林所有者の木材市場を確保することで、彼らの経済的支援と経営の安定につなげる一方で、丁寧な情報提供や地域の意見を吸い上げることによって、小規模林家の代表として州や連邦の政治的交渉の場で強い発言力を発揮している。

森林組合連合の役割についてもう少し詳しく見てみよう。重要な任務として以下の 4 点を掲げている。

一つめは、州レベル・地域レベルにおいて農林業を含めた包括的なネットワークを形成し、地域林業や中小規模林家の利益と発展に尽力することである。決められた地域マーケティングユニットごとに専任マネージャーを配置し、会員のリクエストに応じて林業経営のアドバイスや農業セクターとの密接な協力関係を構築している。農業との兼業が多いことから、州の農業セクターや農林会議所との連携が必然となっている。

二つめに、森林所有者に対して積極的な森林管理を促し、木材の共同販売により最大の付加価値を提供し、財産の保護と経営強化を図ることである。森林専門管理計画（第 2 章参照）の作成をサポート（1ha につき 25 ユーロ〔約 3,300 円〕）し、これが地域木材供給計画の基礎資料にもなる。また素材販売代金は確実に早期の支払いを保証する与信取引が行われており、こうしたことも山林所有者からの信頼を得ている理由の一つである。また、通常の市場情報は常に提供され、一般用材の取り扱いはもちろん、広葉樹も含めた貴重な材の収集と最高の価値形成による販売を行っている。さらに素材請負業者や運搬会社の紹介と手配、林業機械の共同利用と貸し出しの便宜を図り、零細な山林所有者に対し木材収穫や販売のモチベーションを維持させようと努めている。こうして集められた木材は地域のあらゆる規模の製材工場に供給され、こうしたことが地元の中小の製材工場が苦手とする原木確保に役立っている。また中小規模林家向けに、木材歩留まりを高めて価値の創出を目的としたバイオマス集積所を各地に設置し、林家の山林収入の増大を支援している。林家がバイオマス資源を集積所に搬入できない場合は、森林組合連合が代行する仕組みも備えている。

三つめに、現在および将来の世代のために森林の持つ諸機能を最善で確実に発揮させる持続的森林管理に尽力することである。例えば森林経営の3つの側面（環境への配慮、林家の自立経営、社会貢献）を重視し、また生態学的持続可能性の追求としてPEFC（森林認証制度、第8章参照）との連携を強め、認証森林の普及に協力している。

そして最後に、家族的林業やすべてのバリューチェーン、そして環境と社会の利益のために関係するあらゆるパートナーに敬意を払い、誠実な対話に尽力することである。

(2) 2つの州森林組合連合の組織と取り組みの比較

【事例1】シュタイアーマルク州森林組合連合

シュタイアーマルク州はオーストリアの南東部に位置し、最も林業が盛んな州である。州内の組合員数は、2014年時点で約1万3,000名であり、全森林所有者数は約4万人であるから、3割強の組合加入率である。また組合員が保有する森林面積は約30万haで全森林面積の3割弱となっている。[*10]

①経営理念・組織・体制

1955年に各地域に単一組織としての林業経営共同体（WWG）が創設された。そして1990年に州の中央機関としてシュタイアーマルク州森林組合連合（WVB Steiermark、本部はグラーツ市）が設立され、その出先として9地域に地域森林

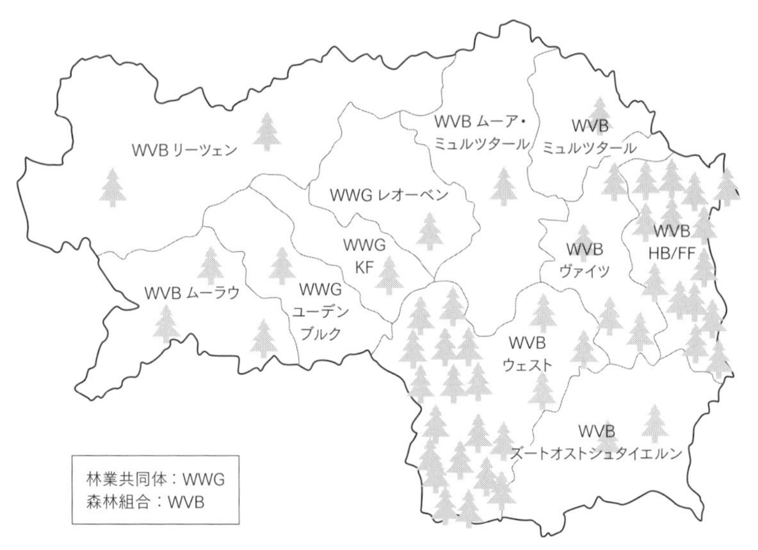

図 4-4　シュタイアーマルク州森林組合連合の組織配置

［出所：Waldverband Steiermark. Maximilian Handlos 氏の説明資料より］

組合（WVB）と州直結の2つのWWGを合わせた51のWWGが組織されている。州の東部地域は西部地域より林業活動が盛んであることから、東部地域に多くの林業経営共同体が組織されている（図4-4）。また州森林組合連合とは別組織として、経済活動（木材販売）を中心に組織化されたシュタイアーマルク州森林組合連合会社（WVB Steiermark GmbH）が2005年に設立された。出資者は州森林組合連合（持分：28.1％）と、11地域のWVBとWWG（各持分：4.4～7.5％、計71.9％）である。これによって州森林組合連合は政策的・政治的分野と経済分野の2つの体制によって事業活動を展開している。この仕組みは他州には見られない独自のものといえる。

組合員は毎年300人規模で増加しており、森林組合への木材取り引きの依存度が高まる傾向がある。その大きな理由として、近年、地域の林家と密着していた零細な地元製材業が廃業に追い込まれるケースが増え、これによって小規模林家の独自の木材搬送ルートが失われつつあることから、森林組合の組織力に期待する傾向が高まってきていることが挙げられる。

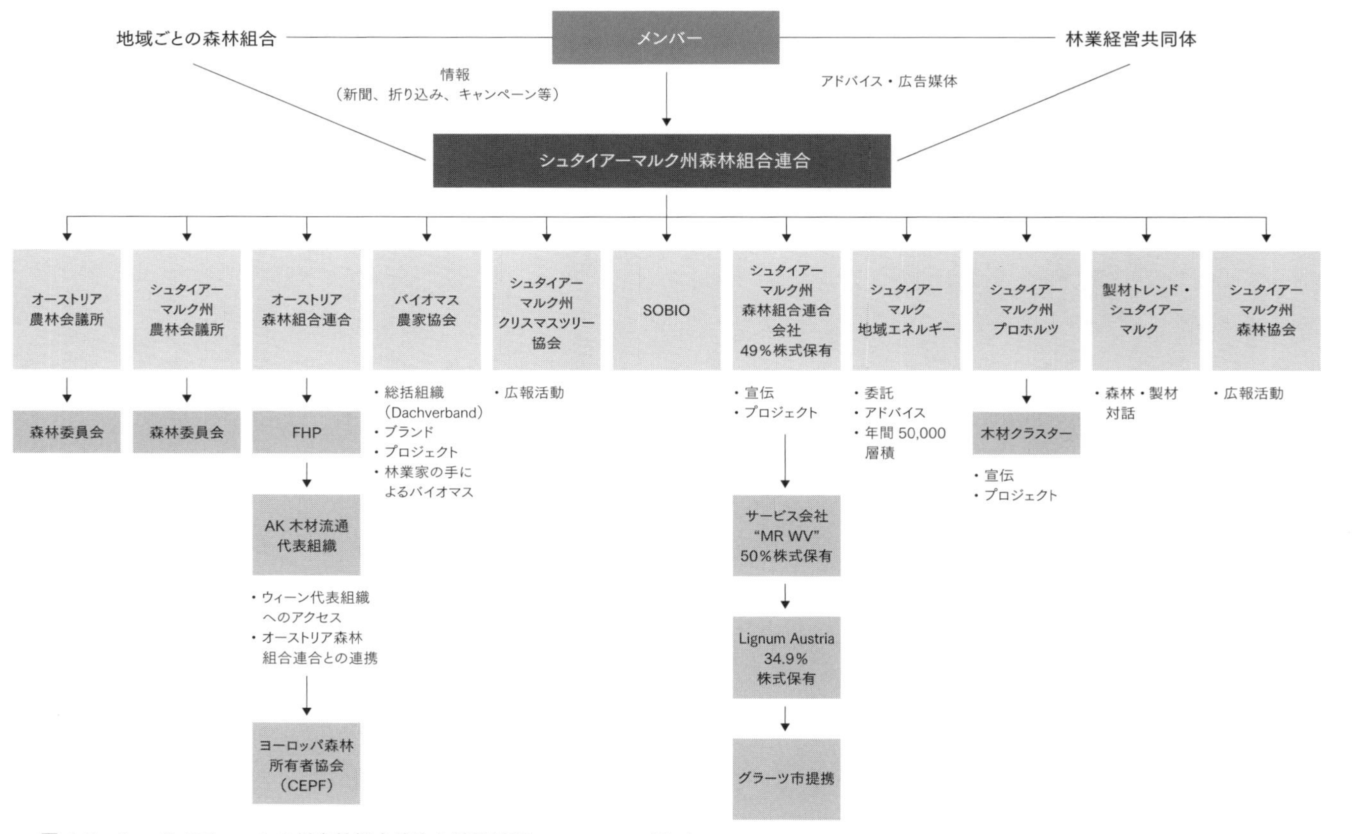

図 4-5　シュタイアーマルク州森林組合連合と連携関係

［出所：Waldverband Steiermark. Maximilian Handlos 氏の説明資料より（2014.10）］

なお森林組合連合の資金源は、任意加入の組合員の年会費25～30ユーロ（約3,400～4,100円）と、州からの支援金がメインである。かつては連邦政府からも補助金が出ていたが、今は廃止されている。

図4-5に州森林組合連合と連携が強い主要な組織・事業体を示した。州森林組合連合は組合員や各地区の林業経営共同体等から様々な要求を受けるが、それらの解決のために関連機関に対して影響力を持って対応することになる。シュタイアーマルク州森林組合連合会社や中央母体のオーストリア森林組合連合（WVÖ）はもちろんのこと、農林会議所（LK）や林業・木材産業関連組織（FHPやProHolz等）、バイオマス関連産業（Reagional Energie Steiermark等）などの各方面に影響を与えている。

②事業の目的と業務の流れ

シュタイアーマルク州森林組合連合と同会社の主な事業目的は、小規模森林所有者の素材を有利に販売することである。組合員の森林から生産される木材は年間100万～110万m^3であり、このうちの5割が50ha未満の小規模林家の材で占められている。

これに伴う業務は、小規模林家の木材のマーケティングであり、林家と製材工場のマッチングやコーディネート業務である。またもう一つは、小規模林家の代表として地元の意見を吸い上げ、政治的な利害代弁活動を行うことである。

木材の販売に関しては、先に述べたようにシュタイアーマルク州森林組合連合会社が中心的に関与している。まず年内の総出荷計画量を算出し、これをホームページに提示するところから始まる。それをもとに各地域の森林組合（WVB）あるいは林業経営共同体（WWG）が安定供給計画を立て、製材工場が扱っている木材の規格・品質を確認し、有利と判断された場合に工場との交渉に入る。

製材工場との交渉成立後、林家との伐出量契約を行い、原木の品質・規格を1本ずつ確認して原木台帳を作成する。さらに山土場での引き渡しとなる場合は、運搬業者と契約（1m^3当たりの手数料1.5～2.0ユーロ、日本円に換算して200～270円）を行い、端末で出力された概算材積伝票を林家と州WVB、製材工場に対して発行する。こうした手続きを経て林家から工場へと材が搬送されることになるが、計画量に対する供給量の確認や原木価格の見直しは3ヶ月ごとに行われる。また信頼度の高い与信管理により安心して取引が行われる。

さらに年に1回、銘木（記念）市も開催される。これは高付加価値を付けると思われる特殊材や大径良質材を入札方式によって販売するものである。市には600～1,000m³の出品があり、11月から入札が始まり、翌年1月に開札となる。シュタイアーマルク州ではカエデ、クルミなどが希少で人気があり、化粧用材として高値で取引されることが多い。これまでの経験では、1m³当たり最高1万ユーロ（135万円）の値を付けたことがあるという。

こうした特殊材や大径良質材は、地域の小規模製材工場が専門に挽き、そうした工場が1本ずつ原木のデータを管理している。製材工場によっては元口と末口から写真を撮って記録しているところもある。

【事例2】チロル州森林組合連合

まずチロル州の森林・林業について簡単に触れておこう。

チロル州はオーストリアの西部にあり、州都はインスブルックである。

チロルの林業は、森林面積が52万1,000haで州面積の41%である。森林所有者は約3万7,000人である。森林所有者の面積別割合は1ha未満が13%、1～10ha未満：32%、10～50ha未満：16%、50～100ha未満：8%、100～200ha未満：10%と200ha以下の小規模森林所有者が約8割を占めている。農家等の小規模な森林所有者は地元の小規模製材工場との結びつきが特に強い。

なお林産部門の年間生産額は13億ユーロ（約1,755億円）を誇り、輸出シェアの65%を占め、まさにチロルで最も強い経済部門といえる。

①経営理念・組織・体制

チロル州森林組合連合会（WVB Tirol）の経営理念として重要な点は、木材の売り手が木材購入者に対して同等の立場であることを守り、市場の不均衡を緩和することにある。つまり製材所は1日に数百～数千m³の木材を製材するが、地元の小規模な森林所有者はその量を1年から数年間かけて伐採・供給する程度である。したがって、森林所有者同士の連携を図り、傘下の機関と共同で一定のまとまった原木を確保することによって市場力を高めている。このことがより良い価格競争力を形成し、大きな製材工場に対しても取り引きパートナーとして認知される。

また、チロル州における平均的な森林所有規模はだいたい7haである。したがって森林所有者は森林組合連合とチロル森林サービス（Forstservice Tirol、マシーネンリンクの一部門で共同木材販売事業を行っている）の活動を通じて自らの森林を管理し、定期的に収入を得ることが奨励されている。このことは山岳地域として森林の重要な保安林機能の観点からも重要視されている。

チロル州森林組合連合に加入している会員は約9,000人であり、組合員が所有する総森林面積は約9万4,000haでチロル州私有林面積の23%を占めている。聞き取り調査によると、会員の95%は兼業であり、そのうちの約70%は農業との兼業である。会員数は、設立当初より増え続けており、これは木材の共同流通の利点や様々な情報提供等が吸引力となっている。また風倒被害や病虫被害が発生した場合には、ほとんど無料に近い少額の費用で森林組合連合の支援が得られる点も魅力となっている。

年会費は平均10～20ユーロ（1,350～2,700円）であり、年間の会費収入はおよそ20万ユーロ（約2,700万円）である。林業地のシュタイアーマルク州の会費および会費収入に比べるとかなり低い。

またチロル州森林組合連合は、他の8つの州森林組合連合が行っている木材の集積・流通・販売事業を、唯一行っていない。したがってチロル州の農林家が木材の生産・販売を希望する場合は、森林組合連合の傘下機関であるマシーネンリンク（Maschinenring、第4章4-4を参照）の一部門であるチロル森林サービスに要請し、この組織体が農林家の木材生産・販売を請け負い、共同でまとまった量を地域の製材工場等に販売している。木材の年間売り上げは約1,200万ユーロ（16億2,000万円）である。森林組合連合はチロル森林サービスに対し、農林家の木材をできるだけ有利に販売できるようサポート・助言する立場にある。

また農林家への森林管理・計画策定等の支援は、約250人の自治体所属の森林監理官（第9章参照）がおり、森林所有者の木材販売を手伝っている。森林監理官は自治体の役所所属であり、州森林法および林業制度、自然保護法、渓流保全を監査・監督する任務も持っている。

したがって、各州に森林組合連合は存在しているが、これらは州ごとにかなり役割が違うといえる。特に歴史や産業構造が異なるために、それぞれ独自の合理的な体制で農林家を支援しているといえよう。チロル州では森林組合連合、マシーネンリンク、そして森林監理官が、直接、地域の小規模林家に対してきめの細かい森林管理・経営を指導しているといっても過言ではない。

②主な事業

・農林家への継続的な教育と情報提供

森林組合連合は基本的には単独で事業を展開するのは稀であり、チロル州農林会議所（LK Tirol）やマシーネンリンク、チロル森林協会（Tiroler Forstverein）、FHP（Forst Holz Papier）、プロホルツ・チロル（ProHolz Tirol）、チロル州森林局（Tiroler Landesforstdienst）等と共同・協力関係を持っている。

特に農林家への継続的教育では、森林監理官や林業マイスターのための養成機関である州立ロートホルツ農業教育学校（Landeslehranstalt Rotholz）の支援を受け、また地域のイベント事業である「農家林家の日」には多様な専門分野のセミナーを用意し、林業のノウハウを習得したい積極的な森林所有者を対象に実践的な教育を行っている。

・農林家の代弁者

いずれの州の森林組合連合会でも共通であり、州レベルから連邦レベルにわたってボトムアップ型政策プロセスにおける利益者（農家林家）の代理・代弁を行うこと、立法手続（例えば森林法、狩猟法、チロル州森林規則等）におけるロビー活動を展開することが挙げられる。

・高付加価値を生む市売市場

農林会議所と森林組合連合は競争入札の意義（動機づけ）について、次のように述べている[*11]。まず入札を通じてチロルの良質な森林や木材について知ってもらうこと、高い価格が付くことによって農林家の森林管理への意識を高めることと合わせて、チロル森林サービスへの森林管理委託を増やすこと、そしてチロルの木材のすべてが製材工場に送られるのではなく、芸術家や工芸品、楽器職人、化粧材加工業者、特別な家具職人や製作業者等、様々な分野で利用されていることを、メディアを通じて世間にアピールすること、といった目標を掲げている。

市は年に一度（10月から展示、１月入札）開かれる。

2017年の市では804本、548.8m^3が出品された。主な樹種は、ドイツトウヒ、モミ、ヨーロッパカラマツ、センブラマツ、ヨーロッパアカマツである。図4-6に示したようにセンブラマツの平均落札価格は他の樹種に比べて圧倒的に高い。これは2000年代のはじめ、センブラマツの健康影響の調査を実施し、センブラマツの芳香が人体に良い影響を与えることが示され人気を得たことによる。なおこの年の樹種別最高値は、1m^3当たりドイツトウヒ550ユーロ（7万4,250円）（長さ5m×径59cm、材積1.36m^3）、ヨーロッパカラマツ518ユーロ（6万9,930円）（長さ5m×径58cm、材積1.31m^3）、センブラマツ502ユーロ（6万7,770円）（長さ5m×径

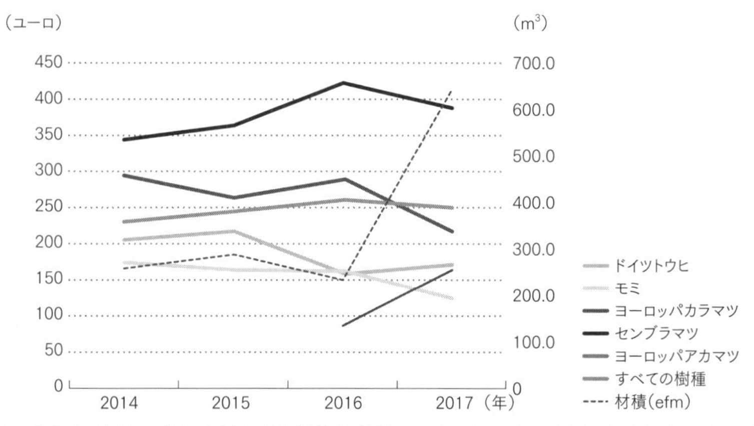

図4-6　過去4年間における木材の平均価格の変化　［出所：Tiroler Nadel-Wertholz-Submissin 2017］

図4-7　最高値のドイツトウヒ（1m^3当たり約7万5,000円、左）とヨーロッパカラマツ（1m^3当たり約7万円、右）

［出所：Tiroler Nadel-Wertholz-Submissin 2017］

46.8cm、材積 0.85m^3）であった。以前にはヨーロッパカラマツで 1m^3 の最高価格が 1,010 ユーロ（13 万 3,500 円）を付けたこともあるという。こうした市場で入札販売される木は、規格を超えた大径材や優良材であるため、落札価格は特別高くなる。

4-4　地域の農林業を支える様々な組織

オーストリアでは現在においても農林家のコミュニティー意識が高く、日本で見られるような農業協同組合や森林組合の他に、農林経営の共同組織や農林業を支援する組織が農山村地域を支えている。ここでは興味深い 2 つの団体を紹介する。

(1) マシーネンリンク

農学者であったエアリッヒ・ガイアースベルガーが、1950 年代後半にドイツのバイエルン地方で農林業機械の共同利用と労働力を提供するための農民自助団体として、「マシーネンリンク（Maschinenring）」を設立した。今では中央ヨーロッパの農村地域を支える組織として定着している。オーストリアでも 1960 年代にマシーネンリンク[*12]が設立され、現在（2019 年 11 月）の会員数は約 7 万 4,000 人であり、約 3 万人の農林家と熟練労働者がマシーネンリンクのサービス提供者として働いている。国内に 8 組織、86 事務所を配してオーストリアの全土にネットワークを持っており、地方の小規模な農林業の構造・体制の維持と農村地帯の経済強化に貢献している。

この組織の活動は 84 分野に及び、主に農林家への農林業機械の貸し出しや人材派遣およびそれらの斡旋を行っている。また、農村部の中小企業、さらにはオーストリア全域で事業を展開する流通企業やインフラ企業の支援も行っている。

マシーネンリンクの設立時の基本理念は「農林家が相互にサポートし、高価なマシンを共有することによって価格優位性を達成し、コストを削減する[*13]」ことであった。この理念は今日も引き継がれ、さらに農林家とその関係者が、サービス部門や人材派遣部門を通じて、農閑期の冬季サービスに携わったり、木工やその他の工芸企業に専門知識を提供したり、様々な雇用の機会を得る場として支持されている。

①マシーネンリンクによる森林管理支援

林業のサービス分野では、森林作業のための理想的な条件である高い安全基準を維持し、地域に精通した高い技術訓練を受けた林業の技術者や熟達者の登録・派遣を行っている。また、質の高いサービス提供組織として、持続可能な森林管理のための認証システムであるPEFC基準（第8章参照）にしたがって機能している。

具体的に提供しているサービスは、施業計画の策定、植栽木の選択と調達、造林、保護・保育、間伐、伐採、搬出、バイオマス生産、バイオマスエネルギーの供給、森林管理である。また、単一な注文のほか、カスタマーサービス担当者が林業のニーズに合わせて個別のサービスパッケージを作成し、長期間の森林管理契約も可能としている。森林所有者とともに、林業の目標を定義し、植林から利用までの、オーダーメイドのパッケージを仕立てている[*14]。

②チロル州イムスト地区のマシーネンリンク事務所

マシーネンリンクのチロル州事務所はインスブルックにあり、6地域に事務支所を配置している。この中でイムスト事務支所は事務員12人を抱える最大の事務支所である。農林家の加盟数1,300人、各農林家の加盟料は年間1世帯約50ユーロ(7,000円程度）である。サービスは基本的に農業、畜産、林業で、主に機械の貸し出しや人員派遣の斡旋を行っている。例えば、機械の貸し出しは、ある人がトラクタを借りたい場合、トラクタを所有している登録会員を見つけ出し、両者を仲介・コーディネートする。また、下部組織（子会社）では事業者向けの機械の貸し出しをしている。機械の貸し出し、人材派遣を含め、価格表としてまとめられている。価格は地域の農林業サービスの市場価格見積もりを使用して決定されており、会員は価格表を無料で閲覧できる。市場価格の見積もり方式のため、価格表は毎年改定されている。

例えばトラクタであれば、馬力ごとで値段が異なる。林業系のチェーンソを借りる場合は、1時間当たり5.8ユーロ（783円）（以下、税抜き価格を記載）、薪割り機は1日当たり35ユーロ（4,725円)、移動式チッパーなどの特殊な機械は価格表には記載されていないが、仲介することは可能である。

人材派遣料についても記載があり、機械オペレーターは1時間当たり10ユーロ(1,350円)、林業作業は“リクエストに応じて”と記載されている。

マシーネンリンクの事業内容を見ると、オーストリアにおける農山村地域では、農林家の需要がコミュニティーの主要な位置づけにあり、モノ・場所・技能などを貸し借りするサービス、まさに“シェアリング・エコノミー”の原点であると言えそうである。

(2) ラガーハウス

①私たちの倉庫（Unser Lagerhaus）

“ラガーハウス”と呼ばれる、農林業機械から資材、生活用品を販売する店舗がある。日本では小さめのホームセンターか、農山村地域の農業協同組合の資材部と購買部を併せたような店舗である。

このラガーハウスは、「“OUR LAGERHAUS” Warenhandelsgesellschaft mbII」というケルンテン州クラーゲンフルトに本社を置く会社組織で、ケルンテン州とチロル州に68店舗を展開している。

ビジネスラインは、飼料および種子等の生産からマーケティングまで行う農業部門、農林業機械等の顧客への技術的アドバイスを提供する技術部門、エネルギー部門、建築用資材を扱う建築材料部門、ホーム＆ガーデン部門からなり、農山村地域の多様なサプライヤーとしての地位を築いている[*15]。

農業機械は大型トラクタをはじめ、日本の農業で用いられる機械はすべて取り扱っている。一方、林業機械として取り扱っている機材は、小型集材用ウィンチ、木材用トレーラ、薪割り機、ウッドチッパー、鋸などであり、林業事業体用の高性能林業機械のベースマシーン、アタッチメントの販売は見られない。自伐林家が必要とする機材の規模と思われる。

前述のマシーネンリンクが農林業機械のレンタルを行うのに対し、こちらは中古品の販売も行っている。これらの中古品はラガーハウスのホームページで紹介されており、林業機械であれば2015年製の木材トレーラ（グラップル付き：KAELLEFALL FB 90）が、新品約2万4,000ユーロ（324万円）であるのに対し1万9,500ユーロ（263万円）となっている（2018年7月現在）。

②チロル州のラガーハウス

イムストのラガーハウスは前述のマシーネンリンク事務所の向かいに位置し、農

図 4-8　イムストのラガーハウス店舗内
［写真提供：松澤義明］

図 4-9　エッツタール店舗の木製ソール靴
［写真提供：松澤義明］

林業資材と農林業機械の販売、機械保守を行っている（図 4-8）。ランデック郡のラガーハウスは 2 店舗あり、訪問した店舗はそのうちの 1 つでエッツタール鉄道駅に隣接する農林業資材の販売と燃料を主体とした店舗であった。

ラガーハウスは、農林家だけでなく誰でも物資を購入できる。それぞれの店舗で取り扱う商品が異なっており、チロル地方の利用者は、専門に取り扱う地域の店舗まで、必要に応じて購入に出かけている。店舗に欲しいものが置いてない場合、例えば作業着が欲しい場合などは、店舗の従業員が細かな注文まで聞き、取り寄せで顧客に販売している。

日用雑貨も様々なものがあり、地域住民はホームセンターで買い物する感覚で利用しているが、木製ソール靴、農林業機械のおもちゃなども販売されており（図 4-9）、日本における昭和 30 年代から 50 年代にかけての農業協同組合の購買部を思い出させる印象であった。

4-5　業界をつなぐ連携プラットフォームと利害調整

(1) 川上から川下までの森林セクターをつなぐ協力体制

オーストリアには農民や森林所有者の利害を代弁したり支援したりする団体が、地元レベルから連邦レベル、さらには EU レベルにいたるまで重層的に存在している。この背景には歴史的に農民の権利を守り、営農を維持するための様々な試行錯誤があったことを物語っている。

オーストリアでは元来、木材や木製品は輸出産業としての位置づけがあった。したがってブランド化やマーケティングも伝統的に重要視されていた。オーストリアでは他の木材生産国と比較すると、木製品のPRも積極的に行われていた。1970年代にはすでに連邦木材産業委員会（現在のプロホルツ〔ProHolz オーストリア〕の前身）がPRの重要性を認識しており、現在もその戦略を踏襲して成果を上げている。

そして今日、オーストリアではあらゆる産業で木材の価値を最大限に高めるため、川上から川下までの産業間の連携および協力のためのプラットフォームを構築している。FHP（Forst Holz Papier[*16]）はオーストリアの林業、木材産業、そして紙パルプ産業の共通の利益を確保するため、木材関連産業を一つにまとめ、産業間のバリューチェーンに関するあらゆる問題を解決する競争力を維持するための組織であり、包括的な木材の研究開発にも取り組んでいる。かつて、木材生産現場（川上）と木材加工業（川下）で主張のずれを生じ、時には対立的状況も見られた林業と林産業は、木材不況を乗り越えるために歩み寄り、産業間連携（川上と川下の連携）を強化し、強力なバリューチェーンの構築を進めた。FHPは今ではオーストリアの林業・林産業の牽引役として、あるいは包括的な協議体として重要な位置を占めている。

FHPは2005年秋に、オーストリアの林業、木材産業、そして紙パルプ産業が、共通の利益を実現するために6つの組織（農業会議所オーストリア、土地＆森林企業オーストリア、森林協会オーストリア、オーストリア木材産業協会、2つのオーストリア製紙関連協会）によって、協力プラットフォームを設立した。準会員として連邦木材建材貿易評議会、木材建築連邦ギルド、素材生産業を中心とするオーストリア林業協会が加盟しており、さらにパートナーとして大学、2つの木材関連研究所、2つの木材マーケティング組織も参画している。

(2) 森林利害関係者との対話プロセス――森林対話

森林資源を取り巻く異業種間の利害調整をスムーズに進めるため、「森林対話（Walddialog[*17]）」という利害関係者が相互理解を図るための円卓会議プラットフォームを立ち上げている。多様化していく森林利用への社会的関心に対して、利害関係者が一体となって議論を進め、連携しながら将来に向けた森林利用計画を作成していく仕組みである。「森林対話」は開かれた（公の）継続的、協調的、透明性、全体性、参加型を備えた一つの政策展開プロセスである。オーストリアは過去10年以上にわたり、森林所有者と森林利用者、利益主張者（ロビイスト）、政府機関、政党、NGOなどとの利害均衡を図ってきた。その対話プロセスの仕組みは、利害の異なる立場で協調的な議論展開を促し、潜在的な課題の見極めや問題解決に向けた合意形成を進める「新しい公共ガバナンス」の一つのロールモデルである。上述のFHPが産業内の包括的協議体であるならば、この森林対話は地域住民から政府機関まで含めた経済・環境・地域社会の課題に対応する包括的協議体といえる。

森林対話は1992年にブラジルのリオデジャネイロで開催された国連地球サミットの流れをくむ形で設置され、その目的は、①社会にとっての森林と林業の意味を検証することで、利害関係者のニーズを示す、②森林の社会経済的・生態的機能を確保するための戦略を作る、③異業種部門と調整し相乗効果を図る、④森林政策的に対応すべき提言分野を束ね、政策を実施するための必要条件を明確化する、以上の4点である。

森林対話は円卓会議方式で調整が進められ、意思決定のための合議体制をとっている。農林環境省が担当省庁であり、円卓会議の座長は農林環境大臣が担当して、合意形成プロセスの総括的なマネジメントを行う。

円卓会議には50近くの組織が招待され、外部司会が立てられる。ここでの議論は、意思決定のための中央合議体としての役割の他に、政治的利害の均衡を保つため、課題テーマ、ルール作りを提示する役割もある。また、森林対話の仕組みの中に森林フォーラムを置いている。ここでは具体的課題を議論するモジュール（専門作業部会）やワーキンググループの検討結果に対して、合意形成を図る役割を持っている。

1：Austria-Forum, http://austria-forum.org/af/AEIOU/Landwirtschaftskammern 取得2018年8月31日

2：カシミール・ネメストティー氏に対する聞き取り調査（2017.10.12）より

3：Landwirtschaftskammer Österreich, Folder_LK_Österreich(3).pdf

4：前掲2

5：前掲2

6：Kasimir P. Nemestothy(2017), Interessenvertretung der Land- & Forstwirtschaft in Osterreich, BOKU(2017.10.13)

7：Österreichischer Raiffeisenverband, https://www.raiffeisenverband.at　取得2018年8月31日

8：前掲2

9：Österreichischer Raiffeisenverband, https://www.raiffeisenverband.at/ /die-idee-raiffeisen-genossenschaft/　取得2018年8月31日

10：Waldverband Steiermark. Maximilian Handlos氏の説明資料より（2014.10）

11：Tiroler Wertholzsubmission 2017 Ergebnisse WV Tirol

12：www.maschinenring.at. Über uns

13：前掲12 Vom bäuerlichen Selbsthilfeverein zum qualitätsorientierten Personal- und Maschinendienstleister

14：前掲12 Leistungen Forst

15：www.unser-lagerhaus.at

16：https://www.forstholzpapier.at/

17：www.walddialog.at

第5章　地域における異業種連携と森林の多面的価値の創出

社会が成熟すればするほど、あるいは科学・技術の進歩に伴って森林や木材利用の仕組みや構造が解明されればされるほど、森林・木材の役割は拡大し、それによって資源価値もまた増大する。この章では、地域における異なる産業との連携と森林の多面的価値の創出事例を紹介し、森林の意義や重要性、森林の多面的な機能や価値を高める仕組みについて考えてみたい。

5-1　観光と自然文化景観の構成要素としての森林

(1) 地元住民のボトムアップで作られたカウナグラート自然公園

オーストリアのチロル地方の景観的特徴は、3,000m 級の山なみの間に入り組んだいくつもの深い谷の中に、小さな集落が点在・形成されている点であろう。数百年にわたる小規模牧畜業を主体とした人々の営みは、この地域独特の山岳景観を作り出した。急傾斜域の牧草地や伝統的集落、夏期に行われる氷河地形を利用した高標高地での牛や羊などの共同放牧（アルム〔Alm〕、高地放牧）、森林やその他のモザイク状の土地利用が織りなす自然と文化が結びついた景観（自然文化景観）は、世界中の多くの人々を惹きつける（図 5-1）。日本では人の入植は稲作を中心として谷部から集落が形成されていったが、チロル地方では羊飼いが山を越えて山の斜面で牧畜社会を形成していった背景があり、両国では人と自然が織りなす自然文化景観の成り立ちに大きな違いがある。

カウナグラート自然公園はチロル地方の2つの深い渓谷を中心に、約6万 ha の面積と、標高 750m の低地からオーストリアで二番目に高い標高 3,768m のヴィルトシュピッツェ山の頂上まで、約 3,000m の標高差を有している。

そして森林は自然公園の中では山岳景観の一つとして重要な構成要素である。森林所有者は木材を利用し、林道はハイキングのインフラとして利用される。珍しい森林生態系がある公園区域は地域の見どころとして、また環境教育のフィールドとして利用され、研究や保全の対象となる。公園には年間およそ15万人が訪れる。

図5-1　カウナグラート自然公園ビジターセンター「ネイチャーパークハウス・カウナグラート」からの風景　［写真提供：松澤義明］

カウナグラート自然公園の誕生は、1989年に9つの村が共同で自然公園管理協会を設立したことに始まる。一般的に自然公園は行政主導のトップダウンによって設立されることが多いが、この自然公園は、農林家をはじめとする地域住民のボトムアップで設立された。設立目的は、カウナグラートが有する自然と文化および景観を保全・維持し、次世代に引き継ぐことであった。10年近くにわたる利害調整のプロセスを経たのち、カウナグラート自然公園となった。

彼らのビジョンは、自然保護、農林業、観光の共存に基づくもので、必ずしも自然保護だけを対象にしていない。彼らにとって重要な命題は、主に農林業によって維持されているアルムと森林、農村集落と牧草地のモザイク状の土地利用によって作り出された地域の自然文化景観を、地域生態系の中で農林業を営みながら維持管理していくための選択肢を探ることである。自然公園の中では牧畜も行われているし、森林の木材利用も行われている。伝統的な木造建築が立ち並んだ日常の生活圏としての農村集落もある。なぜ国立公園ではなく、自然公園として登録したのかという理由はまさにそこにある。国立公園を設立すると様々な保護規制がかかり、多様な形態の利用が難しくなるためだ。現在もカウナグラート自然公園は自然と人の人文的な営みが共存した「多様性を守り、利用する」方針に基づいて運営されている。

自然公園はチロル州、9つの町村、研究者代表、土地所有者代表、3つの観光協会によって運営されている（図5-2）。

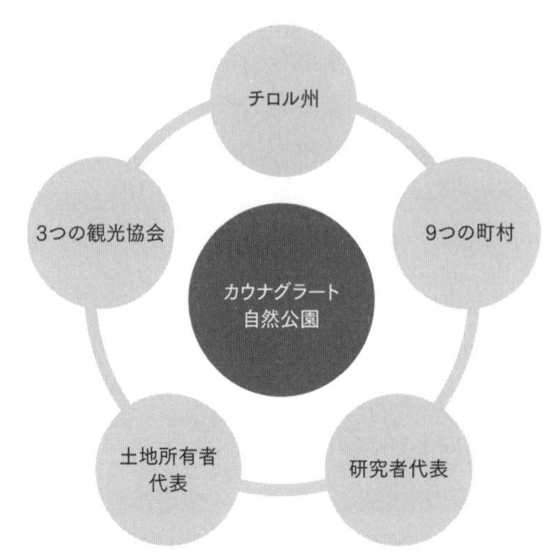

図 5-2　カウナグラート自然公園の運営体制

［出所：https://www.kaunergrat.at/de/naturpark/organisation/ の図をもとに作成］

地元からの要望が上がってこなければ、自然公園という存在自体があり得なかった。ボトムアップの機動力は、ＵターンやＩターンの人でなく、地元の積極的な人が９つの町村にいて、協議を幾度も重ね、その結果として全地域に広がっていった。人を通じて、行政も活動に参加し始めた。そこで、EU 地域振興プログラムに応募し、市町村連携の事業を導入してさらに行動を起こした。

(2) 地域の特徴を活かした活動

自然公園は自然保護がテーマであるが、同時に地域振興が重要である。自然公園ではそれぞれの村が特別のテーマを持って様々な活動やサービスを提供している。テーマは保全機能に関連しており、ある参画自治体ではセンブラマツをテーマにセミナーや情報発信を行っている（図 5-3）。

自然公園の運営団体は、区域内にある農地や林地への規制措置を行う効力はない。その代わり、自然公園の代表は、それぞれの自治体での利害調整等に関わっている。そういった利害調整の中で、９つの村を含む地域の大きなビジョンを導いている。カウナグラート自然公園は様々な土地利用の集合点である。

図 5-3　センブラマツをテーマにしたチロル州イェルツェンス村のテーマパーク　［写真提供：植木達人］

(3) 地元主体の環境教育と地域プログラム

自然公園の５つの活動の柱の一つである“環境教育”では、年間 1,400 人の子どもたちが訪れるが、自然公園の方針において、環境教育としての公園利用は地元の子どもたちを優先することとしている。子どもたちの受け入れ以外にも 100 近くのハイキングプログラムやガイドツアーを提供している。幼稚園児を受け入れるなど早い段階からの環境教育を重要視し、子どもの年齢に合ったプログラムを提供する。また地域の教育機関とともに、短中期（3 年程度）の環境教育のプログラムの協議を行っている。

(4) ビジターセンター管理事務所は調整役

ビジターセンター管理事務所は、行政との協議の窓口にもなっている。例えば、自然保護の観点からは野生生物の生息域の確保は大事であるが、一方で農林業から見れば食害など経済的な被害を受ける。管理事務所は「両者のバランスをどうとるか」といった調整を行う。自然公園の代表委員会から上げられる土地利用に関する利害問題は、早い段階で協議を行い意思決定を進めていく。特に行政と土地利用者の間に生じた課題に関して、両者の仲裁役となって調整を進めている。

(5) 地域と歩む自然公園

ビジターセンター長は、「常にコントロールし、規制を強化する方法もあるが、これらの方法とは別に、地域主導の自然公園の利用方法によって地域を活性化する方法もある」ことを強調する。

自然公園は、設立すればそれで終わりではない。誰が主体性をもって息吹を永続的に吹き込み続けるのか。行政なのか、地元住民なのか、観光業者なのか、利用者なのか？　自然公園の生態系を維持管理するための仕組みを作るのに、彼らは10年に及ぶ歳月をかけた。設立までにいたる調整プロセス自体が、その後のブレない組織運営や世代を超えた存在価値に大きく影響を与えるのではないだろうか。

5-2　市民のレクリエーションと上水供給のための水源林管理

(1) 市民の大切な憩いの空間——ウィーンの森

オーストリアの首都ウィーンの森の気候区分は亜大陸性気候であり、冬は寒く、夏は乾燥して暑い。主にヨーロッパブナ、セイヨウシデ、セイヨウトネリコで構成される典型的な広葉樹林タイプであるが、それ以外にナラやクロマツを含む20種ほどの木本類で構成される。植物相全体の数は2,000種類を超え、また約150種類の鳥類が生息している。

ウィーンの森はウィーン市と隣接するニーダーエステライヒ州の58の市町村にまたがり（図5-4)、総面積は約12万6,500haで、東京都の約半分の面積の森が広がっている。

ウィーン市内にある森林地域は、音楽家ヨハン・シュトラウス2世が「ウィーンの森の物語」を作曲したことで世界的に有名になった。ベートーヴェンやシューベルトも数々の曲を作曲している。ウィーン市内に位置する森林面積は約8,700haで、その面積は山手線内より少し大きい程度である。

市内にある森林区域だけでなく、公園、農地、草地、クラインガルテン[*1]などを含めた市民のための緑の空間は計2万haに上り、ウィーン市総面積に対する緑地の割合（緑被率）は48%にも達する（うち森林は19%を占める)。ちなみに東京都区内の緑被率は20%弱である[*2]。

世界で最も住みやすい都市の一つとされるウィーンは、「緑の都市」と呼ぶのにふさわしい。ウィーン市は都市開発計画の中で“緑の都市（Grüne Stadt)”をうた

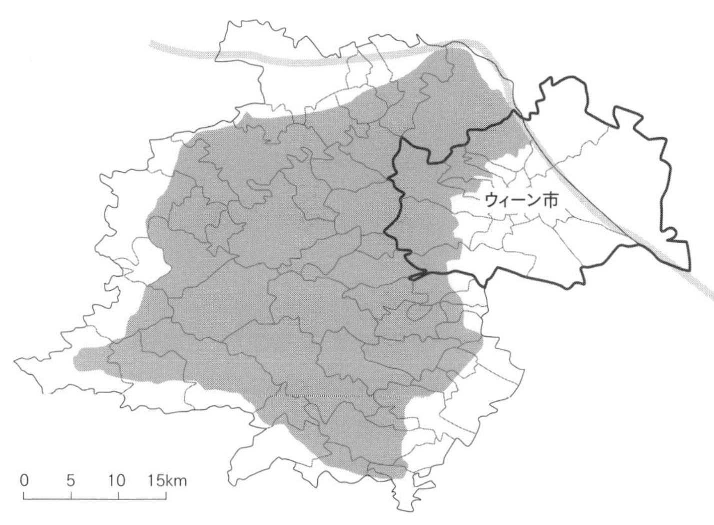

図 5-4　ウィーンの森の分布と森がまたがる自治体（灰色のエリア）
［出所："Biosphärenpark Wienerwald Management GmbH und Aufwendungen des Landes NÖ" Bericht 3/2011, St. Pölten, im März 2011, NÖ Landesrechnungshof］

い、独自の自然文化景観を形成しているウィーンの森を、レクリエーションの空間の一部として捉えている。したがって、ウィーンの森は第２章で述べた森林開発計画（WEP）の機能区分で見ると、「保健保養機能」の森林に含まれると思われがちだが、実際は「環境保全機能」を有する森林として分類されている。つまり主要な森林の多面的機能はヒートアイランド緩和や空気浄化機能など環境保全を提供する森林資源であり、その森林資源を市民の憩いの空間として提供するための機能維持や、保全するための森林管理手法をとっている。

(2) ウィーンの森に期待される多面的機能とその管理

ウィーン市の一部を占めるウィーンの森には、特殊性と多様性のある緑地空間があり、市民の憩いの場としての整備・保全、自然保護と自然環境教育およびレクリエーションが実施されている。このような都市近郊に位置する森林は世界的にも珍しい。

ウィーンの森は憩いの森であると同時に薪生産の森であり、騒音防止、空気浄化、爽やかな空気を市内に送る「緑の肺」でもある。1980年代までウィーンの森は、市内のゴミ焼却炉の煤塵除去や各家庭の暖房のガス利用が普及していなかったため、市街地からの冬場の大気汚染の被害を受け、森林劣化が進んでいた。その後の1980年代末から環境対策が進み、森林が回復し始めて現在の様相を示すにいたっている。

ヒートアイランド緩和効果としての都市近郊林の機能も忘れてはならない。ウィーンの森の温度緩和機能は、明らかに市街地の温度環境にプラスの効果を及ぼしている。こういった都市域の森林による温度緩和機能は、現行森林法の森林管理計画の中で定められた重要な森林の環境保全機能の一つである。

ウィーン市民の多くは都市近郊の森林の存在をとても重要であると考えている。それは森林だけでなく、森林に隣接する農地やワイン畑も同様であり、都市部を離れると農林地として農地と森林が一体となった景観として表現される。また、利用する市民も「森林散策を楽しむ、自然を学ぶ」行為を率先していると感じられる。森林の存在が重要であること（森林の相乗便益＝Co-Benefits＝コベネフィット）を市民自らが認識しているためだ。

広大なウィーンの森エリアは、世界自然・文化遺産登録で有名なユネスコ（国連教育科学文化機関：UNESCO）が決議した国際的枠組み、“人間と生物圏計画（Man and the Biosphere Programme*3：MAB）”に則り、2005年に「ウィーンの森バイオスフェアパーク（生物圏保護区）」という新しい地域景観と森林地域を保全する管理制度を導入した。この制度によってウィーンの森エリアの生態的価値と自然景観に配慮した地域振興を持続的かつ確実に実施されるよう期待されている。

また、MABの生物圏保全構想のもと、コアゾーン、保護区域および開発区域といった自然保護と開発の共存を図るための明確なゾーニングがなされている。その管理体系は、生物圏保護区、国立公園、自然環境教育、研究のそれぞれの理念・目標が有機的に関係している。行政は優先順位をつけているわけではなく、それぞれの方針が重複する都市域という複雑な土地利用と所有者構造を有する地域において、持続可能な森林管理の実施に尽力している。

(3) 高品質の飲料水を供給するための厳しい水源林管理

人口190万人を抱える大都市ウィーンを潤す上水道の大部分は、市内から120kmほど離れた水源地から取水し、自然勾配の導水管を経由して市内に供給される。導水管が水源地からウィーン市まで開通したのは、今から150年ほど前の1873年である[*4]。当時のウィーン市民は良質な飲料水不足のため、コレラや腸チフスなどに悩まされており、フランツ・ヨーゼフ1世皇帝が約5年の歳月をかけて、市民のための上水道のインフラ整備を行った。

現在、水源地から供給される水量は一日平均40万 m^3 以上[*5]であり、水の硬度は日本の水よりも高いが、水道から飲料しても問題のない上質な水を首都に供給している。世界的に見てもそのような高品質の水を供給できる首都はそれほど多くないであろう。

ウィーン市民に上質の水を供給する水源地は森林と高山の牧草地、岩石などで構成される標高2,000m付近を頂上とする石灰岩地帯（カルスト）の集水域であり、ウィーン市森林・農業経営局によって維持管理されている。総管理面積は3万2,900haで、うち林分面積は1万9,200ha（58%）である。

この水源地の管理業務の原則は、素材生産や観光、農業などの経済活動ではなく、ウィーン市民に飲料水を供給し、その安全性と品質を保証することである。そのために、ウィーン水道局とウィーン市森林・農業経営局による部署連携を通じて、最も重要とされる水質の確保に努めている。

ウィーン市森林・農業経営局業務目的は、源流域の最適な土壌条件の維持と、自然資源、さらには人間の栄養素としての「水」の供給を保証するための、適切な森林構成を確立することである。具体的には、林分構成の適正化、森林土壌生物相の保全、野生動物管理、木材伐採の適正化、そして森林と水資源に関する研究等の業務を行っている[*6]。

水源地は、レクリエーションの場と観光地としても多くの人々に利用されている。水源地域であることから、ゴミの投棄や植物の採取の禁止、歩道やサイクリングロードの動線規制が徹底されている。

(4) 水源林の管理方針と森林施業

ウィーン市水源地の森林管理は、首都ウィーン市の飲料水のため高品質の上水を供給することを目的としており、施業方針も木材生産ではなく、「高品質の飲料水」の生産を行うことが第一目的とされる。森林が「水」生産を行うための土壌と、植生がもたらす生態系サービスを確保するために、観光による環境負荷や酸性雨などの大気汚染、過放牧、不法投棄など、人為的影響をコントロールする厳密な森林保全・管理がなされている。

土壌条件の良し悪しは飲料水の水質に大きく影響し、とりわけ土壌の保水機能と濾過機能は重要である。飲料水生産のために必要な土壌構造を確保するには、林分が多層構造を成し、樹種が自然混交した健全な森林植生が最適である。腐植土（有機質土層）は土壌生物の活動が活発で、植物の根系が土層によく発達し、孔隙システムが網状に発達しているのが理想である。そのような構造を持った土壌は土中の細孔がスポンジのように水分を保水し、かつ雨水や融雪水が根系や岩の間隙を通過し、地表流を抑えることができる。単一樹種で構成される林分の土壌は腐植土の形成だけでなく、土壌の保水力も透水調節・濾過機能の効果も限定的になる。

こうした点を考慮して、水源地では対象となる立地が適正な植生構成や土壌環境にあるか、林分の現況がどのようになっているのか、あるべき潜在森林植生タイプを明確にするため、詳細な森林調査を行っている。ウィーン市森林・農業経営局は森林立地調査による土壌ボーリングのサンプリング、林分植生の現況を把握するための定点サンプリング植生調査、野生動物による皮剝ぎ被害や天然更新状況の調査などを定期的に行っている。こういった調査分析の結果に基づいて、例えばドイツトウヒなどの単一樹種一斉人工林から、生態的に価値のある自然の立地環境に適した健全な林分構造へと段階的に誘導している（図5-5）。また、森林作業法は可能な限り皆伐作業を避け、天然更新による森林の再生を進めている。

図 5-5　ドイツトウヒとヨーロッパアカマツで構成されたウィーン水源林を適地適木の混交林に誘導している林分

ドイツトウヒの人工林に転換された林分がまだ残っている。　［写真提供：青木健太郎］

水源地にはノロジカやアカシカ、

シャモアなどが生息している。シカ類は苗や幼樹の頂芽、新葉、若芽などをエサとするが、モミや広葉樹などの芽や葉を特に嗜好する。またシカ類は若齢級の立木の樹皮を剝いだり、新しい角を幹にこすりつけて角研ぎをしたりする習性がある。水源地の環境許容力を超える野生動物の個体数になると、林分が食害や剝皮被害に遭う危険が高まる。その結果、林分の天然下種更新が妨げられ、適正な樹種混交率を維持することができず、飲料水確保のための水源林としての生態的機能を損なってしまうこととなる。

水源林では人工的な対策を講じることなく天然更新を誘導する造林手法が必要であるが、対象となる林分が強度の食害被害に遭えば天然下種更新は進まない。水源地にはシカ類の天敵となる動物がいないため、水源林が提供する生態系サービスを保全・維持するためには、野生動物の個体数を適正に保つ何かしらの調整システムが必要になる。ウィーン市は野生動物を頭数調整するためのガイドラインを作成している。

ウィーン市森林・農業経営局によれば適切な森林構造の基盤は、林分構造の安定度と自然災害リスク低減、林齢や樹種構成が混在していることが重要としている。さらに、“近自然管理”として、小規模な人為的介入、自然再生力の促進、土壌と気候に適応した樹種の選択（適地適木）、混交林化、希少で生態学的に貴重な樹種の生育など、特に生態系に配慮した造林手法を重視している。また、施業面では、皆伐を行わないだけでなく、水源林区域内では防虫剤や除草剤などの化学薬品は一切使用せず、化学肥料も使用しない。

水源林区域は大規模皆伐による素材生産や薪炭生産が行われていた歴史があり、自然植生がドイツトウヒ人工林に転換された林分がまだ残っている。それらの「不適地不適木」林分は風倒被害や雪害、病虫害を受けやすい。過去に造林された単一の一斉林は、単層構造で不自然な森林で、水源涵養機能が低下する可能性があることから、より適切な森林を維持すべく、若い木々のために空間と光を提供する間伐や、壮齢の森林では保存すべき樹木がより多くの空間を得るための間伐を行っている。

森林伐採は基本的に水源林の保全・整備に沿った施業目的のもとで行われる。集材は土壌破壊をできるだけ抑えるために、架線集材を基本としている。林道設計は事前調査を十分に行い、森林の保全と維持に不可欠な場所にのみ建設され、水源涵養機能の低下を最小限に抑制するため、土地改変を可能な限り縮小することに努めている。これらの施業条件のもとで、施業計画が立てられ、作業が実施される。

5-3　野生生物の管理と林業の関わり

森林生態系における野生生物管理の問題は林業と狩猟セクターだけの問題でなく、動物愛護や環境保護の観点からも注意深く利害調整を図る必要がある。生態系管理から見れば野生生物の生息圏を国立公園並みに完全に保護すればよいだけかもしれない。しかしながら保護された生息圏の中でも生物ピラミッドが機能しなくなり、その生態系の許容力を超えてしまえば、個体数の増減は必然的に起こる。森林経営と野生生物管理で重要な視点は、林業や狩猟といった人為的活動と生態系の許容力の相互作用においてどう調和を図っていくかを制度的に調整することである。

(1) 狩猟は社会文化の一つ

オーストリアにおいて林業と狩猟という業種は、森林という同じ土地利用において共有しており、切っても切れない相互依存関係にある。中世ヨーロッパの貴族階級は政治だけでなく、文化的な側面においても重要な位置を占め、“狩猟”も貴族階級が創り上げた主要な文化であった。

現在の猟師（ハンター）は元貴族階級の人たちもいるが、多くは会社員や作業員、農家林家、医者や弁護士などの自営業、定年退職者などで構成されており、今や特権階級のための文化ではなくなっている。狩猟免許証保持者は12万3,000人ほどおり[*7]、そのうち2万人弱の狩猟番人と、例えば各郡に配置された約550人の公的職業ハンターである狩猟マイスター（Jägermeister）がいる。日本では600人に1人が免許保持者とされるが、オーストリアでは65人に1人であるから、その差は10倍近い。オーストリアの猟師は伝統的に革製のパンツなど、濃緑色の服装に身を包み、動物の毛の装飾などをつけたハットをかぶっている（図5-6）。グループ猟ではハンティング・ホルンを使用することもある。

オーストリアではドイツやスイスと異なり、狩猟法は州レベルで定められており、狩猟免許証は各州で発行する。狩猟試験準備をはじめジビエ（野肉）料理や肉のさばき方、ハンティング・ホルンの吹き方など、狩猟に関する様々な専門知識は各州の公的な狩猟協会が企画する研修セミナーで学ぶことができる。森林監理官や森林官・林務官といった林業系の国家資格養成教育機関では、野生生物学や射撃訓練など狩猟免許取得に必要な科目を履修することができる。例えば、森林官養成機関である連邦ブルック森林高等専門学校には校舎地下に最新の射撃訓練室を整備している。

図5-6　オーストリアの典型的な猟の服装に身を包んだ猟師たち
［出所：https://www.jagdfakten.at/jagd-wird-weiblicher/］

(2) 無視できない狩猟セクターの経済的付加価値

2014～2015年のデータによると、狩猟区の数は全国で約1万2,000ヶ所ある[*8]。うち賃貸されている狩場は660万haあり、賃貸料による売り上げは5,300万ユーロ（約70億円）に上る。州にもよるが、法律で定める猟場の最低単位区画は100haからである。自分が所有する森林を狩り場として賃貸し、賃貸料を取って木材販売とは別の収入を確保している森林所有者もいる。またジビエの年間生産量はだいたい3,000tで、EU圏内やスイスに流通しているといわれている。

狩場賃貸料、ジビエ流通販売、狩猟許可証発行、免許講習、人件費をはじめ、銃器・弾丸、光学製品といった個人装備などを含めた狩猟セクターの経済的付加価値は2017年では約7億3,100万ユーロ（約980億円）規模になったといい、狩猟セクターはおよそ5万8,000人の雇用創出に貢献しているという[*9]。

(3) 野生生物による深刻な森林被害とその対策

オーストリアではノロジカやアカシカといったシカ科野生動物による皮剝ぎ被害や角研ぎ被害、商用樹種の幼樹の食害被害は深刻である（図5-7）。

現行の連邦森林法の第16条に、野生生物による森林被害報告の公示に関する規定がある。2004年から2015年にかけて行われた野生生物影響モニタリングの結果は、森林における野生生物被害が大変深刻であることを示している[*10]。経年変化で見るならば被害状況は改善されている地域が少しは見られるものの、多くの地域は改善していないか、あるいはより深刻になっている。[*11]

図 5-7　シカによるモミの皮剥ぎ被害
［出所：OeBF chronicle p.135］

森林経営における被害予防策としては幼樹にプラスチック・カバーをかけたり、主芽に石灰液を塗ったり、大切な林分にはネットや有刺鉄線を張り巡らすなどがあるが、費用的にも効果的にも限界がある。

その他の対策として、ある森林区域を対象として、その区域を生息域とする野生生物の個体数が、生態的許容個体数（キャリング・キャパシティー）を超えないための頭数調整を狩猟によって行う。対象となる森林生態系の生息環境の質の違い、例えば単一樹種による人工一斉林と、天然更新による立地に適した樹種で構成される生息域とでは当然異なる。さらに生息域内の草地や水場などの有無や、土地利用が均一に広がっているのか、モザイク状になっているのかなどの違いも、生息域内に何頭の個体が生息できるかの生態的許容力を左右する。

シカによるエサの嗜好性は、林分を混交林に誘導したり、樹種構成の混交率を造林学的に調整しなければならない場合に問題が生じる。例えばドイツトウヒが優勢な林分にブナやモミなどの樹種を誘導する際、ドイツトウヒの若芽よりもブナやモミの若芽を選択的に食餌するため、目標林分の達成を困難にする。さらに生息域内の林分に一年を通じて十分エサがあるかどうかによって、単一樹種の人工植栽にすべきか混交林化にすべきかといった造林目的にも影響を与える。

一方、森林被害の多い地域は、冬期にシカ類にエサやりをすることによって、被害を軽減する対策を講じているところもある（図 5-8）。

シカ類の狩猟には、州当局から年間狩猟計画の承認を得る必要がある。[*12]オーストリアでは小面積皆伐跡地や牧草地などの開けた見通しの良い空間が狩場になる。猟場周辺の立ち木などを利用し、見晴らしの良い高い位置に狩り小屋を設置して、そこから猟師が狩猟を行う（図 5-9 左）。また時にはシカなどを狩場へおびき寄せるために、岩塩を地面から 1 ～ 2m の高さに設置することもある（図 5-9 右）。

オーストリアでは森林と狩猟関係者との利害対立が生じているが、両者の建設的な協議と対話を進めていくために、両部門の関連団体の代表が共同宣言に署名した。その共同宣言は野生生物影響モニタリングの森林被害の公的結果を踏まえ、森林・狩猟関係者が共同原則と目標を定めた上で利害調整を行う一つのモデルとなった。今後の取り組みに期待したい。

図5-8　ノロジカ用森林被害対策のための冬期のエサ場小屋（チロル州、2018年）
ノロジカやその他のシカ類の子鹿以外がエサ場に入れないように柵の幅を調整してある。　［写真：青木健太郎］

図5-9　皆伐跡地の林辺に設置された狩り小屋（左）と、おびき寄せ用の岩塩（右）
［写真提供：青木健太郎、植木達人］

1：19世紀にドイツで開設された集団型・賃貸型の市民農園。「小さな庭」の意味。
2：東京都都市整備局「平成25年『みどり率』の調査結果について」
3：UNESCOによる生物圏保全地域の定義によれば、その保全地域は独特な景観を有し、その中で人間が持続的に生産活動を行いかつ生活できるような“生きた”モデルととらえる。生物圏保全地域においては自然の保存や保護を主要に扱うのではなく、自然生活基盤を破壊することなく経済的・

文化的振興を行うことに主眼が置かれている。

4：Geschichte der Wiener Wasserversorgung, MA 31–Wiener Wasser, Stadt Wien, 2013; https://www.wien.gv.at/wienwasser/pdf/geschichte-wasserversorgung.pdf

5：Leistungsbericht 2016-2017 der Magistratsabteilung 31-Wiener Wasser, https://www.wien.gv.at/wienwasser/pdf/leistungsbericht-2017.pdf

6：https://www.wien.gv.at/umwelt/wald/quellenschutzwaelder/aufgaben.html

7：Statistik Austria 2015/16.

8：Statistik Austria, Jagdstatistik. Erstellt am 08.10.2015. –1) Wien: Pachtbeträge geschätzt

9：Jagd Österreich; 18.12.2017; Presseinformation. https://www.jagd-oesterreich.at/wp-content/uploads/2018/02/PA_Die-hohe-wirtschaftliche-Bedeutung-der-Jagd-in-%C3%96sterreich_FINAL.pdf

10：Bundesweites Wildeinflussmonitoring 2004–2015. BFW. 2016. 36 pp. https://bfw.ac.at/cms_stamm/050/PDF/bfw_praxisinfo42_2016.pdf

11：Wildschadensbericht 2017. Bundesministerium für Nachhaltigkeit und Tourismus. https://www.bmnt.gv.at/dam/jcr:5419eb38-341d-479e-9e18-9b07a018182c/Wildschadensbericht_2017.pdf

12：例えばVerordnung der Oö. Landesregierung über den Abschussplan und die Abschussliste. https://www.ris.bka.gv.at/GeltendeFassung.wxe?Abfrage=LROO&Gesetzesnummer=20000314

第6章　国土を自然災害から守るための森林

オーストリアにおいて森林の国土保全効果は国民社会経済に直接有益な影響を及ぼし、第2章で述べた災害保全効果を優先させるための森林（Schutzwald あるいは Protection forests、ここでは「保安林」と訳す）は、全国民に寄与すると位置づけている。オーストリアの森林面積のおよそ2割を占める保安林は、自然災害からの負の影響を防止・緩和する上で重要な役割を果たしている。特にアルプス山岳地域の山地防災対策は1500年頃に始まり、1884年に山地災害・雪崩対策の国レベルの部局が創設され、120年以上にわたる防災対策を継続的に実施している。とりわけ重要な概念は、山地防災・砂防が林業と一体となっていることである。オーストリアの山地防災対策は森林法に基づいており、連邦政府の管轄省にある砂防局が行う。

6-1　山地防災・砂防対策は国家的な重要課題

オーストリアの自然災害に対する防災対策は、アルプス山岳地帯では国家的な重要課題[*1]となっている。特にオーストリア西部に位置するアルプス山系北部の石灰岩で構成されている急峻な山岳地帯では、土砂流出の著しい荒廃渓流が多数分布し、南部の変成岩地帯では破砕帯地すべり多発地域が広がる（図1-4、口絵P.i参照）。

国土の75%をアルプス山岳地域が占めるオーストリアは、この地質構造を中央ヨーロッパ諸国で最も広く有している。そのため、国土の58%はアルプス山岳地域の自然災害に対する保全区域、17%は危険渓流と雪崩・侵食の対象地域となっている。2006年時点では、1万2,000ヶ所を超える危険渓流、6,000ヶ所に及ぶ雪崩危険地、800ヶ所以上の崩壊、落石等の危険地域が存在する。また、約3万5,000の建物と1,500kmの道路網が危険渓流の影響範囲にあるとされる。その結果、国土の7割近くは危険渓流対策と雪崩対策を必要とし、フォアアールベルク州、チロル州、ケルンテン州、ザルツブルク州では、州領域の8割以上がその対象域となっている。

図6-1（口絵P.iii）は2018年に発生した自然災害（雪崩、崩壊・地すべり、落石、洪水・水害）を示した図である。自然災害で最も件数が多いものは水害で、410件発生し、特にケルンテン州（138件）、チロル州（127件）で多い。雪崩の発生は全国で38件であり、そのほとんどがチロル州である。

オーストリアにおけるアルプス山岳地域の山地防災対策は1500年頃に始まり、その材料は"生きている建設資材（バイオエンジニアリング：Ingenieurbiologie)"を利用した植生工[*2・3]とされている。未固結堆積物の侵食を防止すること（例えば氷河侵食による堆積物：モレーン）、または森林の保護効果を促進することを目的としていた。これらの森林技術手法で特に効果的な例は、急流地の森林復元（図6-2）や20世紀初頭の植林による大きな侵食地域（荒廃地）の安定化であった。

雪崩対策は、1950年以来、住宅地を保護するための予防構造物が建設されている。山地災害の危険区域設定は1960年代の成果で、ハザードマップは森林法の危

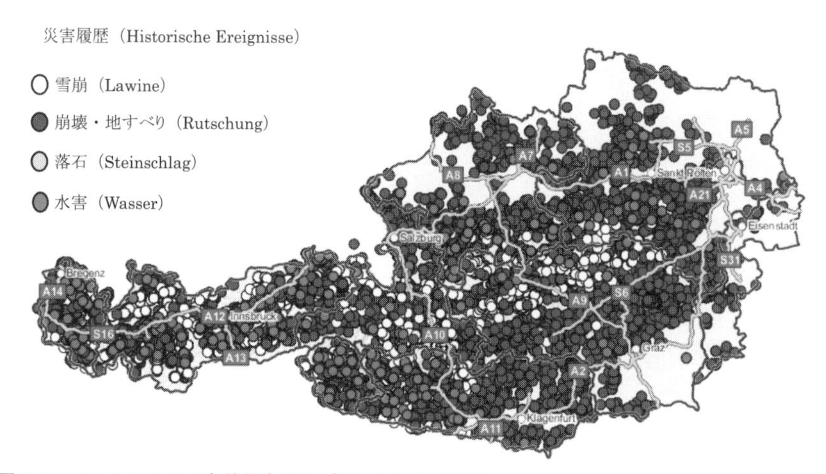

図6-1　オーストリアの自然災害記録（2018年4月現在）
この地図は、山地災害、雪崩対策に記録されているすべての洪水・土石流、雪崩、崩壊・地すべり、および落石の履歴を示す。
［出所：Naturgefahren Karte Historische Ereignisse 2018 bmnt.gv.at（GIS：http://maps.naturgefahren.at/)］

図 6-2　チロル州フェンデルス村の土石流発生渓流対策工
1991 年施工のモレーンを侵食し土石流を発生させた急流の渓流対策ダム（床固工）。日本では林野庁所管の治山事業として実施される場合が多い。渓岸斜面は、ダム群施工後ライムギを播種して初期侵食を防止した後、2 ～ 3 年後にカラマツを植栽して斜面の安定化を図っている。写真は植栽して二十数年経過した斜面植生の回復状況（2018 年時点）。　［写真提供：松澤義明］

図 6-3　オーストリアのチロル州ドルミッツ村ハザードマップの例（2018 年 4 月現在）
オーストリアのハザードマップは、特別警戒区域と危険区域は日本と同じ分類で、「レッドゾーン」は土石流や雪崩の警戒区域、「イエローゾーン」は危険区域となっている。その他「ブルーゾーン」は維持区域として技術的または生物学的保護対策の管理、「ブラウンゾーン」は土石流や雪崩以外の自然災害の危険区域、「バイオレットゾーン」は現在の状態を保存しなければならない区域となっており、災害計画だけでなく自然保護、生態的な分類を含んでいる。
［出所：Naturgefahren Karte Historische Ereignisse 2018 bmnt.gv.at（GIS：http://maps.naturgefahren.at/)］

険区域計画（GZP、第2章参照）に基づいて約30年間にわたって作成されている（図6-3、口絵P.iv）。

第2章で述べたように、とりわけ重要なのは山地防災・砂防は林業と一体となっていることであり、山地防災対策は森林法の中で規定されている。対策は森林開発計画（WEP）、森林管理（専門）計画（WAF）、危険区域計画（GZP）の森林利用整備計画の枠組みの中で実施される。森林法第11条2項には「危険区域計画には、急流と雪崩の危険にさらされている区域とその危険度、および特定の計画管理、あるいはのちに保全対策を講じるために必要となる区域が示される」とされている。

なぜオーストリアでは森林部門の中に山地防災が制度設計されているのか。それは森林面積の増減に伴い土石流や雪崩災害の危険地域の広がりが変化することを歴史的あるいは経験的にわかっているからである。

連邦政府の砂防局は、山地防災対策を連邦による直轄事業として実施しており、年間約7,000万ユーロ（約95億円）を充当[*3]している。山地防災・砂防分野の専門技術者養成は連邦ウィーン農科大学（BOKU）の林務官養成課程である森林学科内の専科（Wildbach- und Lawinenverbauung）で行われる。その中に砂防・雪崩防災研究室が置かれており、学生は林務官養成課程を修了して専科に移り防災技術者教育を受ける仕組みになっている。

6-2　森林の災害保全機能をどう引き出すか

オーストリアにおける「保安林」は、森林法で定義されており、2002年に改正された森林法では、保安林を区域保安林と目的保安林に区別している。

区域保安林（Standortschutzwälder）は、風、水および重力の侵食力によって危険にさらされている区域の森林として定義されている。これらの森林は土壌と植物の生育保護のために特別な対策が必要であり、再植林は伐採等を超える割合で行われている。この保安林は、「風砂地や水積土の森林」「カルスト（石灰岩地帯）や特に侵食されやすい森林」「岩石地、薄い土壌または急峻な森林」「地すべり・崩壊が発生する可能性のある森林」「森林限界上部の植生被覆」「森林限界に接する森林」に適用されている。

目的保安林（Objektschutzwälder）は、人間の居住地や施設、農地・農業を自然災害や環境への悪影響から守る森林で、その保全目的または有益な効果を確実に実現するための森林と定義されている。

以下に、2つの保安林の具体的事例を見てみよう。

【事例1】急傾斜域における森林保全機能の維持と雪崩抑止策

オーストリア西部に位置するチロル地方は、土砂災害発生頻度の高い荒廃渓流と雪崩が発生・流下する山岳地域であり、連邦砂防局では雪崩防護柵を山の斜面に張り巡らせるなど、土砂災害防止のための様々な施策を行っている。砂防局の活動の一つに、森林限界付近に位置する山肌の雪崩発生・危険区域に、木を植栽する高標高地防災植林がある。チロル地方の森林限界はおよそ標高2,000m付近で、それより上は岩肌や草地に変わる。森林限界は日本よりも低い。雪崩はそうした森林被覆域より上部で発生することが多く、雪崩防護柵を設置する対策がとられる（図6-4）。森林限界付近では雪崩防護柵の間に植林を行い、防護柵が数十年経って朽ちたあとは、樹木の成長によって雪崩防護機能を維持しながら谷の集落を守ろうとする発想だ。

標高の高い場所での植栽のため、厳しい環境下でも適応し、生存できる樹種と植栽方法を選ぶ必要がある。代表的な木の種類はゴヨウマツの一種であるセンブラマツ、ヨーロッパカラマツ、ドイツトウヒなどの針葉樹である。センブラマツはチロル地方を代表する材で、この国では高級な家具材として有名だが、寒さに強く数百年生きる。

標高2,000m近くの雪崩発生区域の山肌に、2000年に植えた20cmくらいの苗は、

図6-4　森林限界の上部斜面の雪崩発生区域に設置された雪崩防護柵　［写真提供：青木健太郎］

図 6-5　2000 年当時の植林風景（左）とそれから 13 年後の様子（右）
1999 年に大規模雪崩災害が起こり、30 人近くの住民が亡くなったガルチューア村の防災植林地（標高 2,000m 付近）。　［写真提供：（左）小林正、（右）青木健太郎］

13 年後には 1m 弱に成長していた。生存率は 70% くらいであったが、このような厳しい環境下での植栽では比較的良い結果といえる（図 6-5）。

実際にやるとわかることだが、木を植えるということは結構象徴的な行為である。木を植えるという行動は次の世代に何かを残すということである。しかしながら、近年連邦砂防局でも費用対効果という議論の中で、植林継続のための正当化が難しくなり、過去 50 年にわたって続けてきた防災植林が今後いつまで続けられるかわからないという。

【事例 2】スキー場景観に配慮した雪崩抑止策

チロル州のフィス村は、子ども連れ家族が楽しめるスキー場として高い人気を誇り、観光で成功している自治体の一つである。1910 年当時は人口 340 人しかいない寒村で、村までの基幹道もなく、主たる産業も育たず、自給的農業に頼っていた。男は土木、女は使用人としてスイスなどへ出稼ぎに出ていた。それが現在では地元出身の若者の定着も増え、人口は 970 人にまで増加している。

村にとっての大きな転機は 1950 年代半ば頃から 1960 年代に始めた地域内資本による観光開発である。スキー場の約 8 割は村有地であり、リフトやレストランなどのスキー場インフラ整備も外部資本に頼らず、すべて村の予算で行った。村の所有なので利益は外部に流出せず、すべて村に入る。1990 年代からは隣接する 2 つの村と共同で観光開発を始め、3 村のスキー場を統合させ、スキー場インフラを共同管理するようになった。

村議会の重要な議題は「いかに美しい村を作るか」であるといい、村行政は村内の建物景観と地域の伝統的な農業の継続にも配慮している。村内建物や観光施設の外観や屋根の色は統一されており、古民家等も保存している。村内にはまだ40世帯ほど兼業農家があり、約200頭の牛を牧草地で高地放牧をしている。夏の間はスキー場内の牧草地に家畜が放牧され、訪れる人をなごませてくれる。肉や乳製品は地元ホテルや観光関連事業体が市場よりも少し高い値段で買い取り、地産地消する仕組みになっている。また村には大きなホテルだけでなく、30～40軒の農家民泊があり、結果として来客者の幅広いニーズに応えられるサービスを提供している。

フィス村をはじめチロル地方のスキー場などの観光インフラを有している自治体にとって、防災は村と村民が自分たちの観光経営基盤を継続するための重要なライフラインの一つであり、防災と観光による農村振興は表裏一体の関係にある。村の重要なスキー場インフラと利用者を雪崩災害から守るために、人工雪崩発生装置を設置したり、30年ほど前から連邦砂防局と連携して雪崩抑止に力を入れてきた。前村長時代にスキー場内の入会放牧地を村が買い取り、スキー場開発を進めてきた経緯もあり、フィス村の山地災害抑止対策は村と連邦砂防局が一体となって統合的な対策を講じてきた一つの典型事例である。

フィス村での雪崩抑止策の特徴は、異なる対策手法を多段階的に組み合わせて、総合力で防止しようとするものである。防災植林は全体的な雪崩抑止策の一つであり、この現場では雪崩止め、排水管が設置された堰堤などで抑止策が講じられている。山頂付近の高地放牧地（アルム）付近では、高さ4mほどの鉄製の雪崩防止柵と、一部に人工的に雪崩を起こすガス砲が設置されている。ちなみに雪崩防護柵の技術はオーストリアで開発され、1950年頃からヨーロッパに広まった。雪崩発生ゾーンの斜面下部に雪崩の勢いを落とす堰堤があり、堰堤下には雪崩防止林がある。樹木の植栽や現地で利用できる自然資材を活かした抑止工や法面緑化保護を行い、スキー場の景観に配慮している（図6-6）。

6-3　持続可能な山地保全対策と山岳地域資源への配慮

現在のオーストリアの山地災害対策・砂防事業は、地域生態系と山岳地域資源へ

図 6-6　スキー場脇に作られた景観に配慮した雪崩止め堰堤（左）と樹木限界上部に張り巡らされた雪崩防護柵と植栽・天然更新による斜面緑化（右）　［写真提供：青木健太郎］

の配慮、地域景観への配慮、レクリエーションへの配慮へと向かっている（図6-7）。開発に関連した防災対策は、従来、ともすれば自然と景観への大規模な負の介入をもたらしてきたのに対し、現在では自然災害に対する予防と自然保護・環境景観保全の要件との調和に配慮した自然に近い開発形態、そして最新の技術と河川流域計画の確立により実現しようとしている。

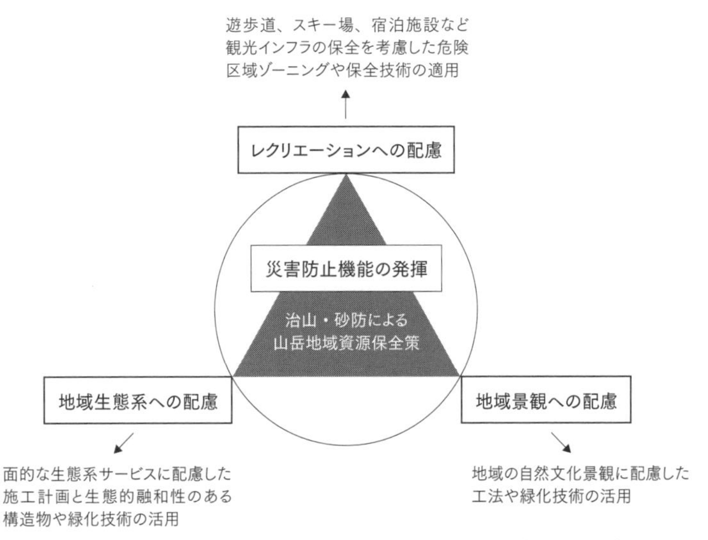

図 6-7　オーストリアにおける治山・砂防による保全対策と山岳地域資源への配慮

自然現象を抑制するやり方の防災対策は、流域の良好な自然環境を維持し、生態学的潜在力を高めるという点からは矛盾した構造に見えるが、現在のオーストリアの山地防災対策は、自然災害に対する対策の持続性、社会的便益、経済的便益、生態学的健全性の確保を公共セクターと国民との共同・連携によって進められている（図6-8）。

チロル州エッツ村には100年以上経過した石積導流護岸工がある（図6-9）。イエルク・ホイマーダー元チロル州イン川上流地方事務所長は、苔むした石積導流護岸工について「当時の砂防は保全だけだったが、これからはレクリエーションと生態と景観というものを考えなくてはならない。景観的、持続的、生態的砂防であり、サスティナブル砂防と言っても良いのではないか」と語った。

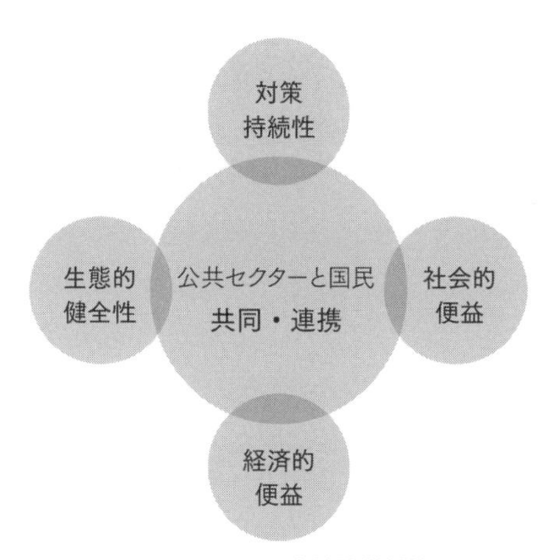

図6-8　オーストリアの山地防災対策における基本的な方針のイメージ

図6-9　チロル州エッツ村の100年以上経過した石積導流護岸工
砂防工事として土石流の流下・拡散を防止する目的で施工された石積導流護岸工で、100年以上経過したが現在も安定している。砂防遺産的な構造物であるとともに、景観的、持続的および生態的に地域に馴染む砂防施設と言える。［写真提供：植木達人］

1：BMLFUW(2007) Austrian Service for Torrent and Avalanche Control,p8-9
2：BMLFUW(2007) Austrian Service for Torrent and Avalanche Control,p12
3：BMLFUW(2007) Austrian Service for Torrent and Avalanche Control,p8-9

第7章　木質バイオマスエネルギーによる熱供給システムの普及

私たちの現代生活や経済活動に必須のエネルギー資源が何に由来し、どれくらい持続可能に供給されているのかという問題は極めて重要である。今日、我が国のエネルギー供給の原料は、2017年時点で石油が40%、石炭が25%、液化天然ガス（LNG）が23%であり[*1]、これら化石燃料によるエネルギー供給はほぼ9割を占めている。一方、原子力エネルギーの供給割合は2011年の東北地方太平洋沖地震の際の原発事故に伴い、2017年の原発稼働率は3%の水準である。震災前（2010年度）の化石燃料による供給割合は81%、原子力エネルギーは11%であった[*2]ことから、単純に見れば、原子力エネルギーの減少分を化石燃料に置き換えたことになる。一方、再生可能エネルギー（太陽光、風力、バイオマス等）の供給割合は、2010年度の4.3%から2017年度の5.8%、同様に水力が3.3%から3.4%と微増したに過ぎない。

一方オーストリアでは、2017年の水力発電も含めた再生可能エネルギーの利用割合は3割に達しており、日本に比べて圧倒的に大きなシェアとなっている。これはEU28ヶ国の中でも上位に位置する[*3]。とりわけ重要な資源は薪や木質チップをはじめとする森林由来の木質系バイオマスである。

この章では、オーストリアのエネルギー政策が国民投票によって脱原発路線へと舵を切り、それに代わって木質系バイオマスエネルギーが進展している実態を踏まえながら、持続可能な地域社会のあり方について考えてみたい。

7-1　木質バイオマス資源を主役とした再生可能エネルギー生産

オーストリアのエネルギー政策が再生可能エネルギーを重視し、それによって広く普及した背景として、1970年代に決議された原子力発電所稼働に対する反対の国民投票の結果がある。さらに1986年のチェルノブイリ原発事故は原子力発電技術への安全性に対する国民の不安を増幅させた。また、オーストリアは石油や天然ガスなどの化石燃料の輸入を中東やロシアに依存しており、地政学的な情勢不安により、いつ原油調達やガスパイプラインが止まってしまうかもわからない状況にあった。緑の党の政治的な後押しもあるが、これらの国家エネルギー安全保障の観点から、国内で自給できるエネルギーをなるべく増やす方向に政策の転換を求める国民世論が形成されてきたといえよう。

さらに、現地での聞き取り調査の際には、地元の人々から「重油やガスを購入すれば地域からお金がどんどん産油国やガス産出国に流れていくだけで、価値の地域循環が生まれない。しかも石油価格は変動し原油高になっても自分たちは払い続けるしかない」という意見をよく聞いた。さらには村がガスパイプラインをつなぐべきか、エネルギー源を地元の資源に求めるかという決断の際に、地域内の木質バイオマス資源が十分確保・供給できるかどうかという点が一つの判断基準になっているケースもある。このように、森林が国内エネルギー供給資源とエネルギー政策の一部を担っている事実は、地域におけるエネルギー安全保障と住民自治意識ともつながっている。つまり森林資源があれば、可能な限りではあるがエネルギーの主導

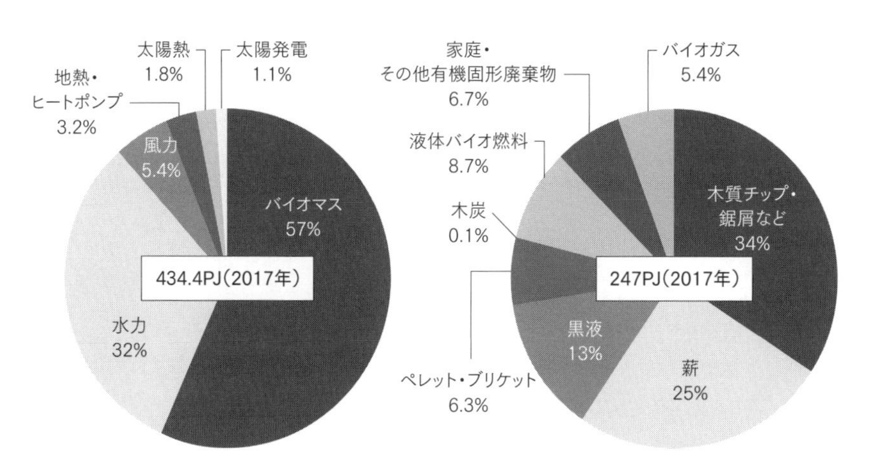

図7-1　オーストリアの再生可能エネルギーの資源別国内消費シェア（左）とバイオマス系エネルギー資源の内訳（右）
［出所：Statistik Austria（2017)］

権を自分たちで握ることできるのだ。

それでは、今日のオーストリアの再生可能エネルギーと木質バイオマス利用の現状について細かく見てみよう。

先にも触れたが、2017年の再生可能エネルギーの利用割合は3割である。その内訳を見ると、薪や木質チップ、ブリケット（おが屑を固めた天然加工薪）、ペレットなどの木質系バイオマス由来によるエネルギー消費量は57%を占め、次いで水力の32%、風力の5%と続いている（図7-1、左）。木質系バイオマスは特に熱エネルギー供給において主要なエネルギー原料となっており、薪ボイラーやチップボイラーによる熱供給の規模は、数人単位の隣近所レベルから、集落、村レベルまでの広がりがあり、オーストリアの農山村の熱エネルギー供給の主役となっている。

またバイオマス系エネルギー資源の内訳（図7-1、右）を見れば、木質チップ・おが屑が34%、薪が25%、黒液（パルプ製造の過程で発生する有機廃液）が13%であり、豊富にある木材を積極的に活用しているのがわかる。

木質系バイオマスがエネルギー源として注目された理由として、脱原発の流れがあり、原油価格の高騰、さらに地域住民が主体的に自分たちが必要とするエネルギーを確保しようとしたこと、そして安全で再生可能な木質資源が身近に存在し、それを容易に利用できたことが挙げられよう。以下に示すように、木材の利用が環境に負荷を与えないゼロ・エミッションであると広く認識されたことも後押しとなっている。

森から収穫した間伐材などのバイオマス資源を薪やチップ化し、燃焼させるときに大気中に放出される二酸化炭素（CO_2）は、植物が成長の過程で行う光合成によって吸収され、再び有機物に生まれ変わる（図7-2）。木が吸収したCO_2量と、燃焼させたときに放出されるCO_2の量は、植物の呼吸分を除くと同量であるため、その収支は相殺される。例えば、オーストリアの森林は1ha当たり年間約8tのCO_2を吸収しているが、もし一つの熱供給施設が木質チップを燃焼させて温水を供給し、年間8tのCO_2を放出した場合、そのCO_2排出量はオーストリアの森林1haが年間吸収するCO_2量との収支がゼロとなる。

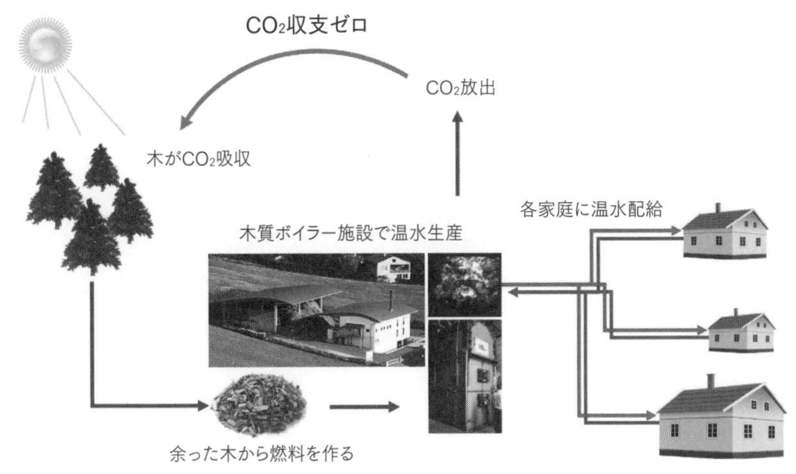

図 7-2　木質バイオマス資源を利用したエネルギー生産の流れと二酸化炭素（CO_2）収支の模式図（地域暖房施設を例とする）

7-2　面的に普及している木質バイオマスエネルギー利用

分散型エネルギーによる安全確保や地域環境保全、さらに地域振興の観点からとらえると、森林由来のバイオマスは持続可能な条件のもとで適正に利用すれば、地域の資源を賢く活かすための一つの手段になるという考え方が広まりつつある。

オーストリアでは木質バイオマスを利用して熱エネルギーを生産する場合、家庭用の暖炉（薪ストーブなど）に始まり、一世帯用の全館暖房設備、さらに一つの熱供給設備から複数の世帯・建物に熱を供給する地域暖房施設まで、様々な設備がある。分散型エネルギーの普及はペレットやチップ、伝統的な薪利用など、需要に合わせた多様な燃料の供給体制と地域熱供給施設といった、大小様々なエネルギーの生産システムが土台になっている。

EU 圏内で比較しても、オーストリアにおける木質バイオマスエネルギー施設の普及レベルはかなり進んでおり、これらの設備は当たり前のように全国に広がっている（図 7-3、口絵 P.iv）。2008 年にはすでにオーストリア全国の 357 万軒の住宅のうち 21％にあたる 74 万軒で薪、木質チップ、ペレットを燃料とした木質バイオマスによる熱生産が行われている。全館暖房設備の種類で見ると、2009 年には全

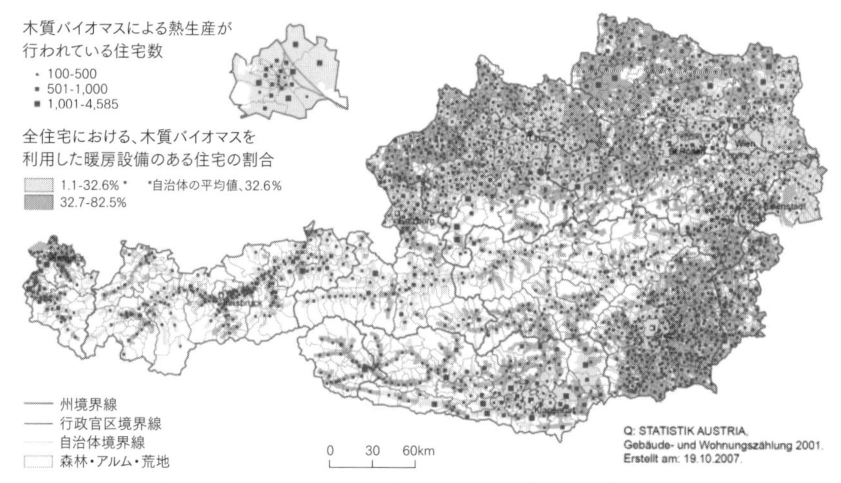

図 7-3 オーストリアにおける住宅の木質バイオマスエネルギー使用状況（2001 年）
木質バイオマスを使用している住宅戸数は赤色の四角の大きさで示している。

［出所：Statistik Austria（2007）］

国で薪ボイラーは 5 万基、100kW 以下のペレットボイラーは 7 万基、100kW 以下のチップボイラーは 5 万 5,000 基、それより大きいチップボイラーは 8,700 基導入されている。2009 年以降もそれらの導入台数は増加しており、さらに近年は薪・ペレットを組み合わせた複合型ボイラーの導入も進んでいる[*4]。

家庭用の暖房設備の他に、森林・農業・廃棄物系バイオマス資源を利用したバイオガスプラント、コジェネ（電熱併給）施設、地域熱供給施設など、2,500 以上のバイオマス資源を利用したエネルギー供給施設がある[*5]。

その大小様々で多様なシステムが導入されたエネルギー供給施設を支えているのは、多くの木質ペレット製造業者や流通業者、ボイラー製造、施設設計、下請け部品製造業者で構成されるバイオマスエネルギー産業クラスターである。また、バイオマスエネルギー関連の研究・教育機関が技術革新（イノベーション）や事業創出支援（インキュベーション）の役割を果たす。そういった関連業者や技術力の積み重ねなくして発電や熱供給施設の面的な普及はありえない。

7-3　世帯用木質バイオマスエネルギーの導入事例

【事例１】薪を自給自足して自宅用薪ボイラーを運用

8ha の森林と 7ha の農地（4ha 牧草地、3ha 放牧地）を所有しているザルツブルク州のこの家庭では、自分の森で薪を生産して薪投入型の木質ボイラーで家庭の熱を賄っている。この家庭は専業農家ではないが、趣味で農林業と農家民泊を経営している。また、集材用のトラクタなどの農機具を趣味で所有しているので、薪作りはすべて自分たちで行っている。薪ボイラーは約 50cm の長さの薪を一日に何度か手で入れるタイプで、燃焼調整は全自動になっている（図 7-4）。またボイラー室は乾燥室としても活用されていて、靴や雨具などが吊るされている。薪ボイラーで加温したお湯は隣室の蓄熱槽に貯湯される。蓄熱槽から各部屋のヒートパネルに温水を循還させる配管が通っている（図 7-5）。熱供給規模は 300m^2 の 3 階建て一戸建て住宅で 14 部屋、5 浴室、5 人家

図 7-4　ボイラーに焚き付け時の端材を入れている様子
［写真提供：青木健太郎］

図 7-5　各部屋に温水を循環させる配管（左）と各部屋のヒートパネルの一例（右）
［写真提供：青木健太郎］

図 7-6　全自動ペレットボイラー
［写真提供：青木健太郎］

族に加え、年間100日程度の6～7名の宿泊客を受け入れている。この家庭では20年以上同じ薪ボイラーを使い続けている。現在は太陽光温水パネルを後付けし、さらに温水生産効率を上げている。

【事例2】ペレットボイラー・薪キッチンストーブ・太陽光温水パネルによる複合型システム

集落や市街地の住宅など、薪の入手が難しく建坪が限られている世帯では、貯蔵にあまり場所をとらない木質ペレットを使用したボイラーがよく見られる（図7-6）。

木質ペレットはその製造工程で、薪やチップに比べて多くのエネルギーを消費するが、貯蔵場所をあまりとらない、高い燃焼効率、灯油などのように液体に似た形態で輸送できるなどの利点がある。オーストリアでは全国に40のペレット製造会

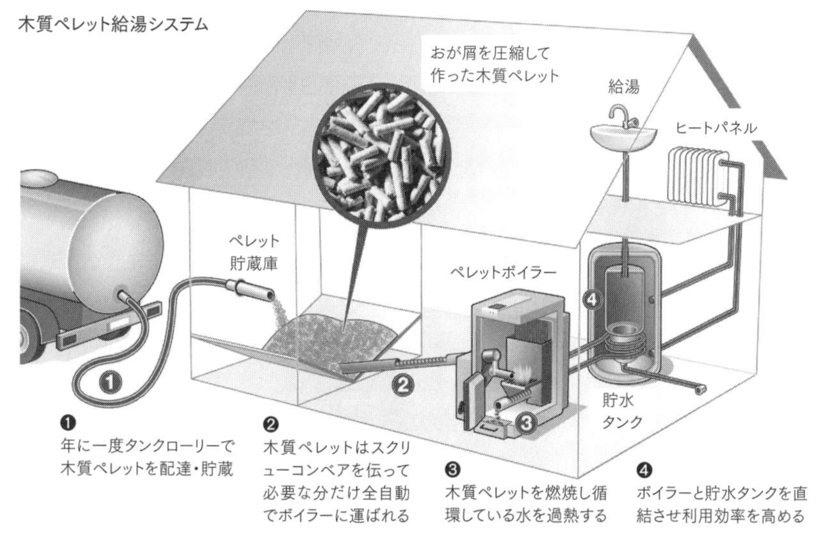

図 7-7　木質ペレットを使用した住宅一軒用の全館暖房設備の典型例
［出所：Agentur für Erneuerbare Energie］

図 7-8　電力を必要としない薪キッチン（左）と居間に置かれた暖炉（右）　［写真提供：青木健太郎］

社が点在しており、タンクローリーで各家庭までペレット供給する配給体制も整っている（図 7-7）。

貯蔵スペースに余裕のない住宅では、暖房使用期間だけ一時的にペレットを保管できるバルーン型サイロや地下に埋設して場所を確保するなどの選択肢がある。

図 7-9　農村部の住宅屋根に配置された太陽光温水パネル　［写真提供：青木健太郎］

オーストリアにはエネルギー効率や、断熱対策、ソーラー熱パネルなどとの複合的利用など、バイオマスエネルギー分野の技術的実績がある。

2002 年にペレットボイラーを導入した農村部のある家庭の場合、薪の貯蔵スペースが確保しやすいため、薪キッチンストーブや暖炉（図 7-8）と太陽光温水パネル（図 7-9）で温水や熱を確保している。この家庭ではペレットボイラーは他の熱源では熱量が賄いきれないときに稼働させる。ペレットボイラーを補助的に活用しているため、ペレットの購入は４～５年に一度で足りるという。屋根には太陽光温水パネルを３枚設置している。屋根の傾斜が緩すぎて積雪時の使い勝手はあまり良くないが、それでも夏にはシャワー用には熱すぎるくらいのお湯が生産できる。

7-4　木質バイオマスによる地域熱供給システムの仕組み

ヨーロッパには、メインの燃焼（ボイラー）施設から複数の世帯や建物に導管をつなげて温水熱を供給する地域熱供給施設グリッド網が伝統的に存在する（図7-10）。

日本で一般的に見られる施設ごとに設置されたセントラル・ヒーティング・システムとの大きな違いは、地域熱供給システムの場合、例えば木質エネルギーを燃焼できるボイラーを集落の１ヶ所に設置し、そこから各世帯に温水循環用の熱配管をつなげ、各世帯に熱エネルギーを供給することだ。つまり、世帯ごとにボイラーを設置せずとも熱利用サービスを受けることができる（具体例は後述）。

導管埋設の単価は、アスファルトを開けて埋め込むときと、牧草地などの地面に埋め込むときとで異なる。ちなみに図7-11のようなアスファルトの下への埋設の場合の単価は、1m当たり２万～５万円になる。施工費用の半分は政府からの補助金が適用される場合もある。もちろん業者を使わず自分たちで配管工事を行えばも

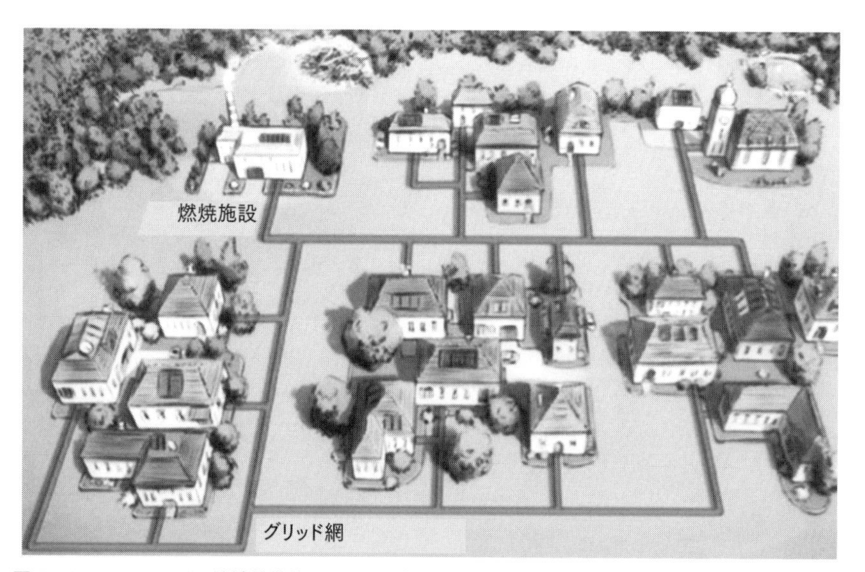

図7-10　ヨーロッパの地域熱供給システムの概略図
ボイラー施設から複数の世帯や建物に導管をつなげて温水熱を供給するグリッド網。
［出所：Österreichischer Biomasse-Verband］

図 7-11　断熱処理された温水用主導管（左）と埋設風景（右）
［写真提供：青木健太郎］

図 7-12　トラックに搭載された移動式チッパー（左）と、連携する移動式チッパー（左トラック）と木質チップ輸送車（右トラック）（右）
［写真提供：青木健太郎］

っと安くできる。実際に DIY の得意な農家が数世帯集まって、自分たちで配管をつないでグリッド経費を節約した事例もある。最近では温水用弾性導管も開発されており、施工技法も今後変わっていくと思われる。また導管にはセンサーがつけられており、何かトラブルがあった際にはセンサーが作動して携帯電話にメッセージが着信するようになっている。グリッド網は加温された温水と冷めた温水が循環するので2本埋設している（図 7-11 右）。

オーストリアでは木材のカスケード利用のための物流プロセスの中で、林道土場に等級分けして積まれた木材は、製材所やパルプ工場などそれぞれの受注先の集材地に輸送される。C級材や林地残材の一部などは地域熱供給施設用にチップ化される。木材をチップ加工する工程は主に2通りある。チップ化専用の加工土場で行う方法と移動式チッパーで林道脇や集積土場などでチップ化する方法である（図7-12)。集めた木材を移動させるたびにコストがかかる、木質チップを生産するときも同様であり、林道脇に移動式チッパーを持ち込みチップ化してトラックに詰め、直接、受注先の地域熱供給施設に供給するか、あるいは中間土場を受注先施設の付近に確保し、そこでチップ化し施設に納入するかで、生産コストが異なる。木質チップを定期的にかつ大口供給する必要のある施設は、施設運用前に木質チップのサプライチェーンを明確に決めておく必要がある。

7-5　木質バイオマスの利用における利点や特徴

オーストリアの再生可能エネルギーの中で、木質系バイオマスは特に熱エネルギー供給において主要なエネルギー資源である。分散型エネルギーの普及はペレットやチップ、伝統的な薪利用など、需要に合わせた多様な燃料の供給体制と地域熱供給施設など大小様々なエネルギー生産システムを土台としている。

木質バイオマスを利用したエネルギー供給設備には以下の特徴がある。

・二酸化炭素排出と吸収の収支がゼロ（地域資源循環型）
・地球温暖化緩和に貢献
・化石燃料（石油やガス、石炭）に頼らずに済む（地域自立型）
・資源大国に依存した生活からの開放（石油危機対策）
・石油価格の高騰を気にしなくて良い、安定した安い燃料費
・地域資源の有効活用
・地域の余った木材の流通、新たな市場の創出
・雇用の創出（新規ビジネスにより地域経済が活性化される）
・地域資源で生きていることの実感・誇り
・持続的で快適な生活スタイルの提供（優しい温もりで生活の質の向上）
・全館暖房の設計が容易・簡単、部屋ごとに暖房可能
・ヒートショック防止（脳卒中や心筋梗塞対策）

・高い安全性（一酸化中毒、やけど、火災爆発の危険性はほぼなし）
・全自動のため管理不要、年間を通じて熱供給、サービス費不要、タンク室不要、火災保険の掛け金が安くなる
・初期設備投資は部分暖房に比べて割高
・エネルギー用のバイオマス資源の安定確保が大前提

オーストリアにはエネルギー効率や、断熱対策、ソーラー熱パネルなどとの複合的利用など、面的に普及するために必要なバイオマスエネルギー分野の技術的積み上げがある。

7-6　住民主導による木質バイオマス地域熱供給

オーストリアでは、大多数の地域熱供給システムは行政が作るのではなく、林家等が共同組合を設立し、彼らが村長等の地域の首長に対して公共施設（学校、老人ホームなど）につなげるように説得するのがポイントである。それは両者にとってwin-winの状況であり、地域熱供給の管理者は大口の熱需要者につなげることによって経済性を高め、村長は自分がバイオエネルギーを支持していることを住民に理解されることによってイメージアップを期待する。

ハンス・ライヒト氏（図7-13）は典型的なオーストリアの零細兼業林家である。親から4頭の牛と3haの畑、2haの山を相続した。グラーツの消防所に勤めている彼は、林業も続けるかたわら、地域の仲間とともに、バイオマス地域熱供給システムを実現し注目を浴びた。「仕事で火を消しているが、自由時間で（ボイラーに）火をつけている」といつも冗談を言う。

図7-13　地元の熱供給システムを作り上げたハンス・ライヒト氏　［写真提供：モニカ・ツィグラー］

2003年に、2人の農家林家の友人たち（1人は30haの森林を所有し、もう1人も5km離れた自

家山林を 15 ～ 20ha 所有）と一緒に、村で初めての新築の集合住宅団地（4 棟 15 世帯）にバイオマス地域熱供給システムを導入した。集合住宅団地の地下室の一部に 80kW の小型木質チップボイラーと 1,000l の蓄熱槽を設置し（ボイラー室の大きさは 3m × 5m にすぎない）、全 15 世帯に暖房用の熱を供給している。配管は短い距離で済む。木質チップ保管サイロは地下にあるため（チップサイロの大きさは 5m × 5m × 3m、容量は 50m^3）、外見はサイロの口蓋とステンレス製の煙突だけである。

チップは 3 人が所有する山林から出る間伐材しか使わない。管理は当番制で、3 人で回す。年間の必要チップ量は約 240m^3 で、1 人当たり 80m^3 供給する。まず一人目が自分の山林で作ったチップでサイロを満杯にし、サイロが空になるまでその人が管理をする。これはチップの質で燃焼効率が変わるためで、一人の持ち込んだチップを使い終わったら次の管理者に引き継ぐようにしている。スクリューフィーダーにチップが詰まったり、何らかのトラブルが発生した場合も、チップを供給した人が基本的に解決することとしているが、できるだけ頻繁に行かなくて済むように、みんなが詰まりにくい質の良いチップのみを持ち込むようにしている。

「熱の販売からも利益はちょっとあるけど、やっぱり、自分のチップも施設に売れるので、年収がもともとあまり高くない林家にとって、ちょっとした追加収入になる。大したものでなくても、定年退職金のように毎月ちょっと入る感じ

図 7-14　バイオエネルギー・ヒッツェンドルフの組合メンバー　［写真提供：モニカ・ツィグラー］

図 7-15　バイオエネルギー・ヒッツェンドルフの全景　［写真提供：モニカ・ツィグラー］

だ」と、林家の3人は満足している。

この施設の投資コストについて見てみよう。全体コストの約4割はEUおよび国と州からの補助金であり、その内訳は、EUが5割を負担し、国が3割、州が2割である。また、3割は個人使用者（顧客）が最初につなげるときのコスト（加入料）である。村によってそのコストは様々であるが、一戸建ての家だと、100万円ぐらいが普通である。残りの2割は3人が銀行から借り受けた。

顧客と13年間の熱供給契約が結ばれて、その中でチップの価格も決められている。したがって、石油とガスの値段に大きな波があっても、チップの価格は比較的安定しており、長期的に見るならばチップによる熱供給の方が運営リスクが少なくコスト的に安価になる。

そして2004年、ライヒト氏は40名の地域の林家と一緒に共同組合を作り、翌年に“バイオエネルギー・ヒッツェンドルフ”（700kWの油圧式ウォーキングフロアー、冬期用のボイラー＋夏期用の150kWのスクリュー式ボイラー、1万2,000lの蓄熱槽の地域熱供給システム）を設立した（図7-14、15）。

配管、延長などを含んだこれまでの投資コストは170万ユーロ（約2億3,000万

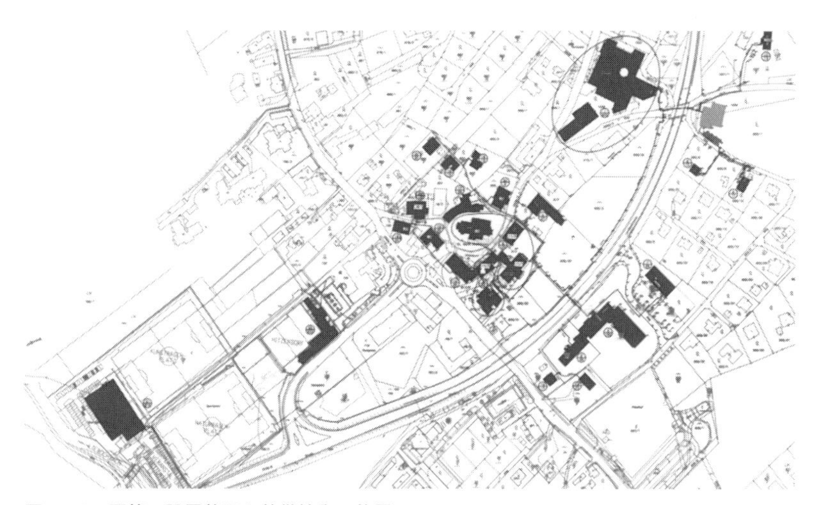

図7-16　配管の設置状況と熱供給先の位置
熱供給施設（灰色）、熱供給先（黒色）、配管は地下に巡らされ村内を一周している。
［出所：Bioenergie Hitzendorfより］

円）で、15km 圏の組合メンバーの山林から年間 3,500m^3 供給されるチップを使用し、2,000MWh のエネルギーを 26 の個人、施設に供給している。その中には計画エネルギー供給量が 550MWh の学校、250MWh の老人ホーム、220MWh の教会といった大口の熱消費先が多い。現在配管の総延長は現在 2.1km となっている（図 7-16）。

7-7　変わりつつある熱供給網の品質優良管理システム

2014 年から新たに建設される熱供給網は、補助金の受給条件として、トータルシステム効率（熱供給施設から顧客の配管接続口となるリレーステーションまで）が 75％以上であることがオーストリアの品質優良管理システム（qm Heizwerke：Quality management energy heating district systems）に加えられた。2014 年以前に作られたバイオマス施設は、施設のアップグレード等のために補助金を申請する場合、配管を延長するのではなくシステム効率をさらに上げるため、現在の範囲内で顧客の数を増やして熱供給地域内の消費先密度を高めるだけで認められる。ライヒト氏は言う。「当時、経済性を証明するために、どうしても不可欠だった大口の熱消費者が契約してくれたことがありがたかった」

この補助金受給条件をクリアするためには最新技術のエネルギーシステムを導入しなければならない。例えば、太陽光温水パネルやヒートポンプとの組み合わせや余熱利用、グリッド内の熱損失を減らすための対策など、複合システムを事業投資計画に組み込まないと、施設の優良性の条件を満たせなくなる事業も出てくる。

しかも、これは事業投資額が上がるだけでなく、システム運用も複雑になるため、地元林家などによる地域熱供給が難しくなるといわれている。現在は従来のような地元住民による小規模な熱供給の典型的なパターンから、多くのバイオマス地域熱供給施設を一括管理できる規模の大きなエネルギー供給会社による施設運営にシフトしていく傾向にある。

それでは、補助金受給条件とされる 75％のトータルシステム効率を得るために、新たな地域熱供給施設事業者は具体的に何をすべきであろう。一つの革新的な事例として、ケルンテン州のクルンペンドルフにある地域熱供給施設を見てみよう。

Regionalwärme 社は、2015 年に 720 万ユーロ（約 10 億円）の投資をして新たな品質優良管理システムの基準を満たす熱供給システムを設立した。顧客はおよそ1,600人で、総配管長は8kmである。この会社は全部で18地域に対して熱供給を行っている。

図7-17　新たな熱供給網の品質優良管理システム基準をクリアしたクルンペンドルフにあるRegionalwärme社の地域熱供給施設
［写真提供：モニカ・ツィグラー］

この施設は、490kWと1,500kWの2基のバイオマスボイラーに加え、屋上に広さ191m^2、出力110kWを持つ太陽光温水パネルを併設している。さらに、煙突から排出される排気に残っている廃熱を再利用するコンデンサーシステムを導入している。廃熱は、低温度熱交換機で熱回収され、低温度用の蓄熱槽でソーラー熱と一緒に蓄熱され、ヒートポンプの熱源として利用されている。さらに、1本の配管の中に温水・冷水の熱配管両方が組み込まれているため、グリッド内の熱損失も抑えることが可能である。

複雑な技術ではあるが、このようにソーラー熱パネルとコンデンサーシステム、ヒートポンプを複合的に組み合わせることによって、トータルシステムの熱効率をなんと135%まで上げることに成功した。

こうした施設に対し、最近オーストリアバイオマス協会の理事に選ばれたライヒト氏は、「これはもちろん素晴らしい革新技術ではあるが、個人の林家や小規模な共同組合では不可能な投資だ」と語った。

バイオマス地域熱供給システムは何を目的にするのか、いろいろなエネルギーシステムを一つの高効率のシステムに高度化するのか、それとも地域活性化の一つのステップとして、バイオマスを地域の林家たちの収入源の一つにするのか。求めるものによって、地域がどちらの道を選ぶのか変わるだろう。

7-8　バイオマス施設の品質優良管理システムの条件は地域熱供給施設をどう変えてきたか

オーストリア・エネルギー庁（Austrian Energy Agency）は2003年に、国内で稼動している約800の木質バイオマス地域熱供給システムの経済性調査を実施した。その結果、「地域熱供給施設のプランニングへの理解が十分でない。投資費用の5～7割がボイラーやその付帯設備に当てられているのではなく、配管やその工事費用に当てられており、事業主は計画段階でそういったことを認識していない。そのため、地域熱供給施設から遠く離れている住宅にも熱供給され、結局、配管費用が高すぎて事業が赤字になってしまっているケースが少なくない」ことを指摘した。

前述した熱供給網の品質優良管理システムはバイオマスブームが続いていた2006年当時、環境省のklimaaktivプログラムの中で導入された。ボイラー400kW以上、配管1km以上の地域熱供給網に義務づけられ、導入のための補助金を受けるには、品質優良管理システムの基準に基づいて、新規事業の経済性を設計・計画の段階から実際の運営にいたるまで、優良性の条件をそれぞれの事業段階で証明されなければならない。その条件を満たすためにアドバイザーが事業の計画段階から稼動の1年目まで関与し、事業主をサポートしながら補助金を得るために必要な条件が満たされているかどうかのチェックを行う。

さらに、この品質優良管理システムは、2014年からAEE INTEC（代替エネルギー・ワーキンググループ、サステイナブル技術研究所）の管轄下に置かれた。これにより計画段階でトータルシステム効率が75％以上の熱供給契約が必要とされ、さらに、経済性を証明する考え方として、年間1m当たり最低950kWh以上の熱を販売することが求められている。

では、具体的に、どのように地域熱供給の配管をプランニングすればいいのか、一つの例を見てみよう。

熱供給施設は図7-18の右上の“Heating plant”である。まず、黒い配管網だけを見ると、施設から50m離れたところには、400kWの熱を消費する顧客がいる。400kWとは、地域熱供給側が「1時間に、最大で400kWhのエネルギーを供給する」という契約を意味する。灰色の50万kWhは顧客の年間の熱消費量である。

次の顧客は熱供給施設から800m（50m＋700m＋50m）離れていて、300kWの

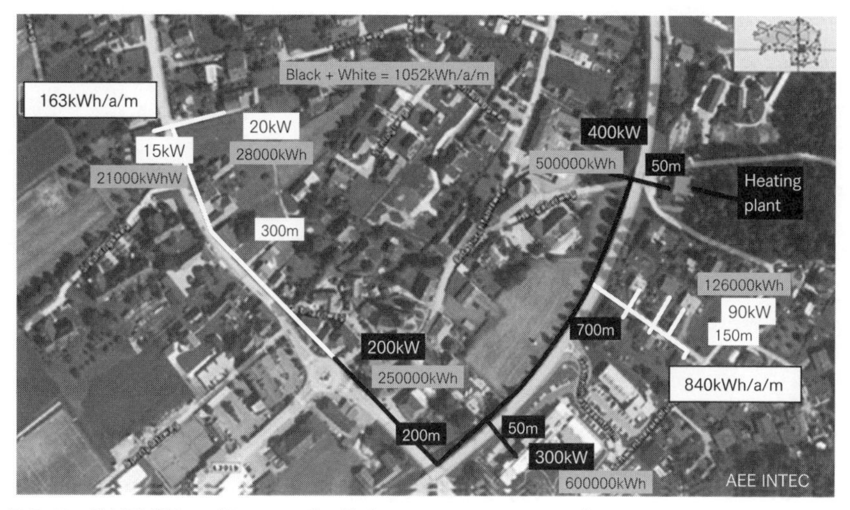

図7-18　地域熱供給のプランニングの例（GIS シュタイアーマルク）

［出所：AEE INTEC のハラールド・シュラッメル氏の提供による］

契約で年間60万kWhの消費量。さらに200m進むと、次の顧客（200kW契約、年間25万kWhの消費量）がいる。

つまり、黒い配管網の年間総消費量は135万kWh、配管の総延長は1,000mであるので、年間の1m当たりの熱消費量すなわち販売熱量は1,350kWhになる。その量は品質優良管理システムが基準とする950kWhを上回るので、この地域熱供給システムは経済性があると判断され、補助金を受け取ることができる。

しかし白い配管網だけを見ると、同様の計算で、図右側の部分の熱消費量（販売熱量）が840kWh、図左側の部分は163kWhとなり、どちらも基準値に満たないため、その部分は経済性がないと判断され、敷設できないことになる。つまり、地域熱供給施設の近くに家があっても、熱消費量（販売熱量）が少ないと、システム内の熱損失が大きくなるため、経済性が満たされず、配管に接続することはできない。

では、黒い配管と白い配管網を一緒に作設すれば、事業の経済性はどうなるだろう。

同様の計算で、年間の総消費量は152万5,000kWh（135万kWh＋12.6万kWh

+2.1万kWh+2.8万kWh）となり、配管の総延長は1,450mとなる。その結果、年間1m当たりの熱消費量（販売熱量）は1,052kWhとなり、地域熱供給事業として経済性があると判断され、補助金を受け取ることができる。

品質優良管理システムの「トータルシステム効率」の定義をおさらいすると、熱供給施設から最終消費者のリレーステーションに接続されるまでの、熱損失は25%以下であり、それがどのような方法で達成されるのかは、地域熱供給事業者に任せられることになる。

また、顧客の住宅暖房システムを改善して、導管に戻ってくる温水の水温をできるだけ低くすることが一番の基本的な効率向上対策であるが、太陽熱システムなどの別のエネルギーシステムとバイオマスエネルギーシステムを組み合わせて効率を高めたり、コンデンサーシステムを導入し、煙突部の廃熱を回収してシステムを全体的に効率化するなど、様々な方法がある。

オーストリアでは、2006年から現在まで、こうした計算で熱供給網の経済性が検査され、品質優良管理システムのもとで700基以上の経済性のある地域熱供給システムが新規に作られてきた。田舎に行くと、すでにほとんどの村の中心部にある役場、学校、幼稚園、老人ホーム、教会などにバイオマス地域熱供給システムが導入されており、新規のバイオマスの地域熱供給の市場はすでに飽和状態にあるといわれている。今はどちらかといえば、既存のシステムの改善・延長が進められているところが多い。

その背景には、バイオマスだけでなく、代替エネルギーの併用がベストだという考え方がある。現在、オーストリア政府はエネルギーに関して新しい法律を作成中であり、2021年から「オーストリア・エネルギー法」が適用される予定である。その中に、買取価格制度の根本的な見直しから、風力、太陽光電池などのエネルギーへの注目など、様々な新しいアイデアが反映されようとしている。

また、FIT（固定価格買取制度）の導入を受けて2003年から2006年のバイオマスブームに建設された施設は、いよいよFIT終了の2019年を迎えた。そこで政府は既設事業者らの不安の声に対してバイオマス補助金の基本法（Biomasseförderung-Grundsatzgesetz）を2019年5月に提出したことによって、州が独自にFITの延長を決定できることになった。加えて、ここ数年のうちに再生可能なエネルギー普及のための法律（Erneuerbaren Ausbau Gesetz：EAG）ができることになり、これが施行されるまでの間、FITの契約が終了している施設でもFIT延長を州に申請することによって、1kWh当たり11.2セント（約15円）の買取価格でFITの恩恵を受けることができることになっている。当初（2003年時点）の買取価格は、一般に普及している2MW以下の発電施設では16セント（約22円）、2～5MWでは15セント（約20円）であったことから、それに比べ4分の1程度安くなった。

オーストリア政府は2020年1月に、「2035年までには現在の温水用の石油ボイラーと石油ガスボイラーをゼロにして、2040年までに化石燃料をどの分野でもゼロにする」と、EUの中でも最も厳しい目標を掲げた。

これからのオーストリアの地域熱供給システムはどのように変わっていくか、さらなるイノベーションを含め大変興味深いところである。

1：経済産業省資源エネルギー庁：「平成29年度（2017年度）エネルギー需給実績（速報）」、2018年11月公表

2：経済産業省資源エネルギー庁：「総合エネルギー統計（2011）」より

3：EUROSTAT, Shares 2019

4：Landwirtschaftskammer Niederösterreich (2019), Biomasse-Heizungserhebung 2018, pp.20

5：Österreichischer Biomasse-Verband (2019), Bioenergie Österreich Atlas, Wien, ISBN 978-3-9504380-3-1, https://www.biomasseverband.at/

第8章　森林管理認証制度の重要性

森林管理認証制度は、森林経営の持続性や環境保全への配慮、地域社会への貢献等に関して一定の基準に基づいて第三者機関が審査し、適正な経営が行われていると判断された場合に認証される。認証された森林から産出される木材および林産物製品を分別し、表示管理することにより消費者の選択的な購入を促す制度で、1990年代に導入された。

世界には各国独自に開発された様々な森林管理認証制度があるが、国際的規模の認証は、Forest Stewardship Council®（FSC：森林管理協議会）とProgramme for the Endorsement of Forest Certification Schemes（PEFC：森林認証制度相互承認プログラム）がある。FSCは世界共通の原則・基準に基づいた国際的な制度として国際NGOが1993年に設立した。またPEFCは国際基準を満たした各国独自の森林認証制度をPEFCが認証（相互認証）するアンブレラ方式の国際認証で、その前身は汎欧州森林認証スキーム（Pan European Forest Certification Schemes）として1999年に発足した。日本には独自の認証制度「緑の循環認証会議(SGEC)」があり、2016年にPEFCとの相互認証が実現した。PEFCの事務局本部はスイスのジュネーブにある。

この章では森林認証の実態を把握し、森林の持続可能性を追求するオーストリア林業の新たな側面を探ってみたい。

8-1　PEFC認証が伸張するオーストリア

(1) 森林管理（FM）認証においてPEFCが伸張する理由

オーストリアにおける森林管理（Forest Management：FM）認証および加工流通管理（Chain of Custody：CoC）認証の2018年時点での取得状況は、FSCでは森林管理（FM）認証面積は587ha、加工流通管理（CoC）認証は292件である。一方、PEFCのFM認証面積は311万ha、加工流通管理（CoC）認証は476件となっている。したがって、オーストリア国内のFM認証面積は、圧倒的にPEFC認証が多い。

オーストリアにおいてPEFC認証制度を運営するのがPEFCオーストリアである。事務局はウィーンにあり、1999年のPEFC設立と同時に加盟した。PEFCオーストリアは、林業・木材産業、労働組合、木材貿易、環境団体等で構成され、39のNGOが代表を務めている。PEFCオーストリアは、オーストリアにおける持続可能な森林管理を強化し、生産される木材の適正な流通・販売を目的に設立された。主な目標の一つに「オーストリアの林業の特徴である小規模農林家のための認証への参加を提供すること[*1]」としている。

オーストリアの森林認証制度においてFSCよりもPEFCが伸張している理由について、PEFCオーストリアの最高責任者は次のように語った。「両方とも厳格な制度であるが、PEFCは統括機関である本部のもとに、各国の独立した認証機関が加盟する連合体である。そのため各国・地域事情に適合しやすく、小さい林家や事業体であっても、規模の違いにかかわらず適用できる。小規模所有者に対応可能な認証制度はPEFCであり、国内法令に準拠した認証制度である」。小規模森林所有者が参加しやすい認証制度は、オーストリア林業の特性に適しているといえる。オーストリアの森林のほとんどは私有であり、農林家による森林経営も多い。PEFCは、小規模森林所有者のための選択可能な認証制度である。これを背景に、自然的・地理的条件（気候・地形・立地条件）等を踏まえ、9つの認証グループに区分している（図8-1）。

こうしたグループ分けを行う意味は、各地域の自然的・地理的条件は各地域の植生を決定づけるため、それぞれの土地に根差した生物の異なる成長・生育を前提とした森林作りを実践すべきであること、またこのことが地域の特色を活かす合理的で持続可能な森林経営を推進することにつながる、という考えによる。動植物種の違い、歴史的な土地や森林の利用の違い、産業基盤の違い等々を見極めて、ゾーニングし、それぞれの特性に合わせた基準・指標が作られることになる。このグループ分けの考え方は、第2章で見た9つの主産地地域に分類した成長区分図をベースに作られている。

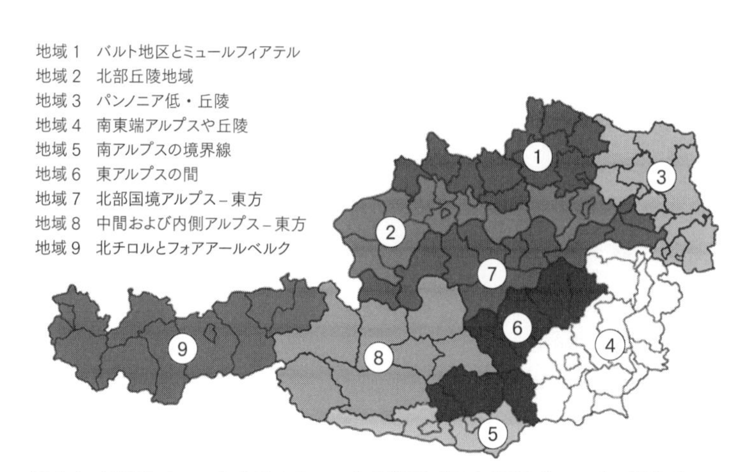

図 8-1　PEFC オーストリアの９つの森林管理（FM）認証グループの地域別区分
９地区の認証割合はほぼ同じ。
［出所：PEFC オーストリア　プレゼン英語版資料（2016 年 11 月９日）を用いて作成］

(2) 森林管理（FM）認証の国内普及

価格のメリットや体制も含め森林管理（FM）認証と産出される認証材が普及している理由について、PEFC オーストリアの最高責任者はこう言い切る。「認証森林は国内の７割を占めている。PEFC はオーストリアの持続的森林管理の長年にわたる歴史を踏まえ、それに適合する形で認証面積を増やしてきた。認証制度の意義を理解すれば、小規模森林所有者が取得しやすいように基準や仕組みを配慮することは当然である」。また、認知度が低かった認証導入当初の段階について、「初期には森林法や森林計画制度があり、認証は必要ないと思われていた。しかし所有者に対して費用負担が少なく、やりやすい方法を検討した結果、認証材のマーケティングの重要性やブランディングなどが重要視されるようになり、必然的に認証材の流通が増加した」と説明する。

ここで注目すべきは、新規の認証取得には森林所有者の費用負担がほとんど発生しないことである。これは林業・林産業の構成団体等が木材の売上げの一部を農林会議所に拠出する制度があり、農林会議所はこの拠出金より新規認証取得費用を肩代わりしていることによる。近隣のドイツ、スイス両国にもこのような費用負担制度は見当たらない。これは小規模森林所有者にとっては経費負担の軽減となり、認証取得の際の経済的ハードルが低くなるといえる。小規模森林所有者の支援と林業活動を積極的に進めたい政府・業界の思惑がここにあるのかもしれない。

なお、PEFC 運営コストは、1m^3 当たりの木材販売手数料を財源とし、各森林所有者、木材関連業界等から賦課金が徴集されている。これらは、連邦および州レベルでの組織、PEFC オーストリア等のプロジェクトへの広告の資金を調達するために使用され、PEFC オーストリアとして情報誌をはじめ木材貿易の問題、木材のすべての使用に関する研究（収穫や木材生産コストに関する研究等）や基準の紹介、作業システム、労働安全も含む出版物等の発行等、多くの森林所有者に情報を提供している。

また、国内の森林法や森林計画制度等との関連性については、「民営化された連邦林はすべて認証取得している。PEFC 認証基準は厳格な森林法に基づいているので、計画制度等に逸脱していない。国内法に準拠していることは外に対してのシグナルになる。小規模森林の割合が高いオーストリアでは、森林法に基づき森林管理を行うため、必然的に PEFC 認証森林となる」と同最高責任者は言う。

(3) 加工流通管理（CoC）認証の国内普及

オーストリアの加工流通管理（CoC）認証取得企業は 476 社あり、国内の主要な 570 以上の施設と約 800 の事業体[*2]が含まれる。すなわち木材関連業界のほぼすべてが加工流通管理（CoC）認証を取得していることになるが、その背景には環境保全や木材に対する国民の意識と、ヨーロッパの市場における認証材需要がスタンダードになっていることを表している。

PEFC オーストリアが実施した国民に対する「森林の積極的な発展についての意識調査（2014 年、16 歳以上 1,000 人男女、複数回答）」によると、「環境に配慮されていることに対して最も安心させるものは何ですか？」との問いに、54%が（認証）ラベル、30%が原産国（ここではオーストリア国産材を指す）と回答しており、国民の意識が認証制度の「適正管理された森林からの原料と、トレーサビリティーの正確さ」を求める状況にあることがわかる（図 8-2）。

また同最高責任者は別の調査で、「60% の国民が森林の保全や林業の発展に対して支援する必要性を感じている」などの国民意識を引き出しており、オーストリア国民の環境保全や木材に対する意識の成熟度は、森林認証の需要の創出に大きく寄

国ごと16歳以上の男女1,000人を対象。

質問
製品またはサービスを購入する際に、環境への配慮と持続可能性が考慮されていることを最も確信させる基準は次のうちどれですか？

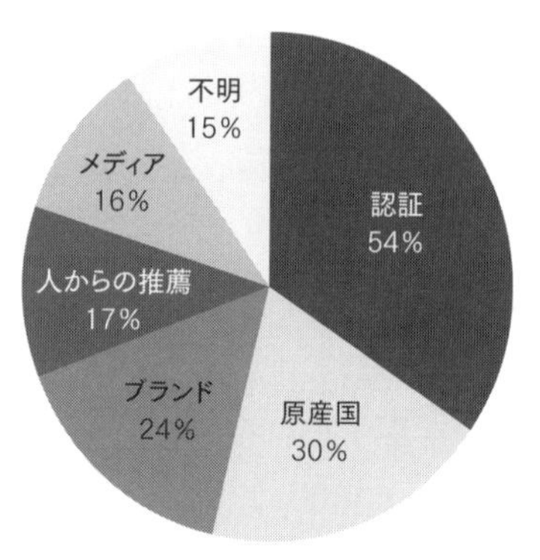

図8-2　オーストリア国民の森林・木材利用に関する調査結果（PEFC/GfK_2014）
［出所：PEFCオーストリア　プレゼンドイツ語版長野県向け資料より］

与しているものと推察されると分析し、さらに「PEFCロゴの推進（製品の表示、コミュニケーション）によって需要が創出された」と断言した。

8-2　現場での森林管理（FM）認証と加工流通管理（CoC）認証の連携の考え方

（1）リヒテンシュタイン財団の認証森林管理

2016年11月9日、リヒテンシュタイン財団が運営するシュハーバッハ森林区管理事務所において、管理責任者からPEFC認証について話を伺った。

以下は森林管理（FM）認証の質問に対する管理責任者の回答である。

図8-3　リヒテンシュタイン財団の整備された針広混交林と針葉樹の天然更新　［写真提供：植木達人］

（質問）なぜPEFCを取得したのか。

（回答）リヒテンシュタイン財団の森林は、リヒテンシュタイン公国元首のハンス＝アダム2世公爵の友人がPEFCを創立したときのメンバーであったこともあり、PEFC 創設以来の認証森林である。PEFC 森林として、この地方で持続可能な林業をやっていくことを約束した。財団も民間なので PEFC によって、持続可能な林業をやっている正式な証明になっている。これによって、品質の高い林業を外部に対して示すことができる。

（質問）対象となる森林の審査はどのように行っているのか。
（回答）PEFC は一つの会社に認証を与えるのではなく、その地域のグループに与えるため、参加者一人ひとりはコストが低廉である。定期的に第三者機関の検査が入り、そのときはオフィスで資料を確認し、対象となる森林を視察し、基準どおり適正に管理されているかをチェックする。PEFC 対象森林の各地域にはリストがあり、その特徴が記載されており、森林の資源について樹種や本数、枯死した立木はないかなどの森林の健全性、森林地帯の気候条件や水環境、樹木以外の植物、生息している動物、保護すべき森林は何か、そして最後に、社会に対しての役割、レクリエーション、湖（水辺）があるか等を確認し、それをベースにして林業に対して様々なアドバイスを受けている。

（質問）認証費用はどのようになっているのか。
（回答）PEFC の新規取得費用は、農林会議所（第4章参照）が支払うことになっている。認証があってもなくても会員として農林会議所に同じコストを払っているため、自ら PEFC に対して直接支払うことはない。ただし毎年実施される定期審査の費用は支払っている。FSC とはこの費用負担に関して大きな違いがあり、また FSC は一つの会社に対し認証することからコストが高くなり、小さい会社だったらとても払えない状況である。

（質問）認証材の流通はうまくいっているのか。
（回答）ほとんどの顧客（木材関連業界）は、PEFC の認証材を欲しがっている。国際的に事業展開している製紙業者、木材販売業者も PEFC の認証材を要求している。これは木材を出荷するときの利点だろう。業者は、木材は“認証がなければ安く、認証があれば高く流通させる”という発想ではなく、そもそも PEFC 認証材を流通・販売することを前提として考えている。また認証材でない場合、顧客は

“値段の２～３割少なく払う”という可能性はあるだろう。

（質問）国内法と認証の関係はどうなっているのか。
（回答）オーストリアの森林法はとても厳しいが、その法律を守ろうとするならば、PEFCを取得するだけで法律を守っている証となり、特別なことはない。

このようにPEFC森林の持続的経営を行っているリヒテンシュタイン財団は、「持続可能な森林経営とヨーロッパ文化と自然との共生」が実践されている模範的な経営と考えられる。リヒテンシュタイン財団の持続可能な森林経営は、オーストリアの森林法に基づき、PEFC森林として財団基金が長期間安定して存続することを原則に、木材生産を計画的かつ持続的に管理している。この計画的な森林経営は、常に市場動向を見極め、有利となる木材生産を行っている。また、木材収穫後の森林の再生計画がしっかりしており、再造林、天然更新のゾーンを明確にし、更新面積は最大で0.5ha規模である。徹底した環境への配慮による林業の持続可能性を追求している。

ここで、改めて時間軸で森林を見直すことの必要性を教えさせられた。時間軸で現実林分を見直すと、森林資源の林齢の偏りが、持続可能な森林経営にとっていかに重要な課題であるかが理解できる。

リヒテンシュタイン財団のシュハーバッハ森林区は、PEFC認証の目標・原則である「持続可能な森林経営の推進」の本質である“生態的にも社会経済的にもその資源が途切れない”こと、いわば永続性の大切さを教えてくれた。

（2）市民の認証材利用へのアクセス

ウィーン市内には様々なホームセンターがあるが、ここでは“バウハウス・ホームセンター（BAUHAUS[*3]）”について述べてみたい。

バウハウスは、スイスに拠点を置くホームセンターグループで、住宅用品、ガーデニング、ワークショップのための製品を提供する汎ヨーロッパの小売チェーンである。1960年にドイツのマンハイムに最初の店舗がオープンしたドイツ初のDIY店で、現在ヨーロッパで250以上の店舗を展開している。

11月に店舗を訪れたが、屋外スペースには、薪、ブリケット、ペレット、焚付

図 8-4　屋外のブリケット（左）とエントランスに展示されている薪割り機（右）
［写真提供：植木達人、松澤義明］

棒などの木質燃料材が置かれていた（図 8-4）。ペレットとブリケットはウィーンの北に位置するチェコ共和国の BIOMAC 社製[*4]で、ともに“ブナ原料 100％製品”の表示があった。ペレットはヨーロッパペレット会議（EPC[*5]）認定の規格を満たす認証ペレットで、ブリケットはオーストリア規制制度認定[*6]の規格（M7135 木材圧縮物：練炭）を満たす製品である。木質燃料製品には、森林認証ラベルは見られなかったが、すべて環境基準を満たす製品であった。店内のエントランスには、薪割り機、薪・ペレットストーブが陳列されており、店内にも木質ストーブの広い展示スペースがあるなど、日本のホームセンターには見られない光景であった。

店内の中央には木材（無垢板）や集成材のフローリング材（数種類の木材）が展示され、ほぼすべてにおいて FSC、PEFC ロゴマークが付いている（図 8-5）。DIY

図 8-5　店内に並ぶ DIY 用木材（左）とヒッコリーフローリングバウハウス社オリジナル PEFC 認証材（右）
［写真提供：松澤義明］

店として展開しているため、バウハウス・オリジナルの木材も展示されているなどの特徴が表れていた。

バウハウスは企業理念として「生態学的責任」と「持続可能性」を掲げ、「EU木材マニュアルの要件を包括的に実施し、(中略) EUのサプライヤーに対し、認証を取得した企業のみから木材を調達して供給するよう促している。また、EU木材規制対象外の木材や木材製品を定期的にチェックしている[*7]」とうたっている。こうした企業理念は、原木木口面にPEFC刻印が打刻された写真とともに記載されている。

1：PEFC Austria(2018) https://www.pefc.at/
2：PEFC Austria(2018) PEFC AUSTRIA JAHRES BERICHT 2017
3：https://www.bauhaus.info/
4：http://www.biomac.cz/en/premium-eco-briquettes/
5：http://www.enplus-pellets.eu/about-enplus/epc/
6：https://www.austrian-standards.at/en/infopedia-topic-center/infopedia-articles/oenorm/
7：https://www.bauhaus.info/

第９章　現場実施に根ざした森林専門教育

この章では、オーストリアの森林・林業・林産業を支える労働力育成のための教育制度と、林業セクターにおける専門教育のあり方について解説する。持続可能な森林経営を林業現場で実践するには、技術ならびに経営・管理面で相当の力量が要求される。そのためには高度なトレーニングを受けた森林専門職が必要である。オーストリアではそのような専門教育がすでに法的側面から整備されている。なぜなら専門教育が、森林法の定義する持続可能な林業を進めるための基盤となるからである。本章はオーストリアの手堅い林業人材育成教育システムとプログラム、安全教育の手法等を示しつつ、これからの日本の林業人材育成のあり方のヒントを得ようとするものである。

9-1　職業教育の色合いが濃い教育制度

オーストリアの義務教育制度は、女帝マリア・テレジアによる「一般学校令」（1774 年）の公布にその基礎を認めることができる。1800 年代に一般学校、職業学校、教員養成の３分野からなる学校制度が成立し、義務教育制度が導入された。

オーストリアの教育制度は柔軟性が高いという特徴がある（図 9-1)。職業熟練試験または一般教育高校卒業資格試験に合格した後、職業教育コースの変更、学部・学科の変更、他大学への転籍などが可能である。さらに成人教育や継続教育の幅広いプログラムも用意されている。公立学校の学費は基本的に無料である。また教員や指導員に対する育成や継続教育を重視している。

現在のオーストリアの一般義務教育期間は日本と同じく、６歳から 15 歳の９年間である。日本の一般教育制度と大きく異なる点は、学校年次の区切り方とマイスター制度などに代表される、職業訓練的な色合いの濃い教育を進めている点である。

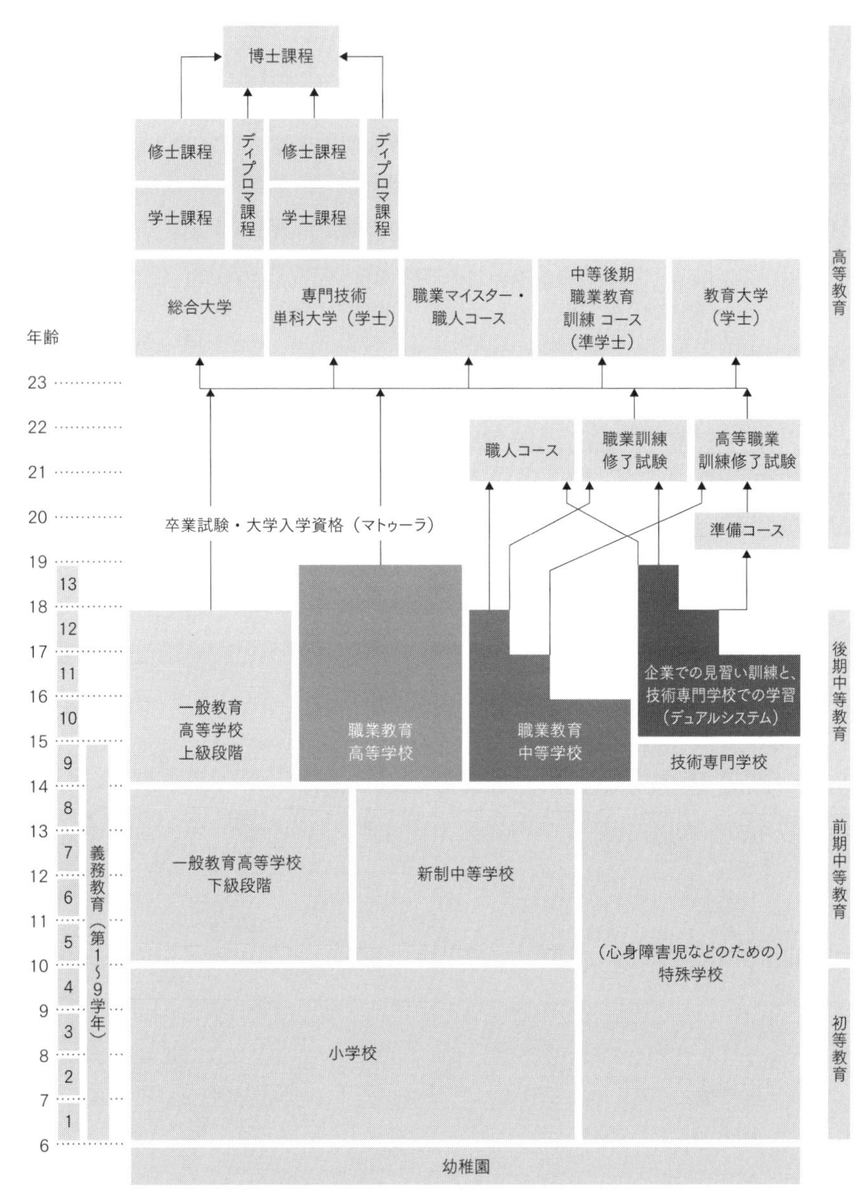

図 9-1　オーストリアにおける教育制度概要

［出所：http://www.wald-in-oesterreich.at/ausbildungswege-in-bezug-auf-holz/］

隣国ドイツの教育制度とも似ているが、オーストリアはより専門業種に特化した職業教育を行っている。

職業教育は14歳から可能である。生徒が就業可能な年齢である15歳になったとき、つまり、義務教育最後の学年となる9年生（日本でいうところの中学3年生か高校1年生）の段階で、後期中等教育の進路の選択肢がさらに分かれていく。

大学進学希望の者はそのまま一般教育高等学校の上級段階（15〜18、19歳まで）に進む。一般教育高等学校のことをギムナジウム（Gymnasium）というが、その中にも理系や経済分野に特化した学校、スポーツ（例えばスキーなど）や音楽に特化した学校などいろいろな種類がある。

ちなみにドイツでは高校卒業資格のことをアビトゥーア（Abitur）といい、オーストリアではマトゥーラ（Matura）という。大学の学部によって入学試験の有無は異なるが、マトゥーラは大学入学資格に相当する。高校卒業資格は各教科の試験と口頭試問を合格した後に授与される。18〜26歳までに受けなければならない徴兵・社会奉仕義務制度をはさみ、大学入学資格を取得したのち、さらなる高等教育を受けるための総合大学（Universität）や単科大学（Hochschule）などの高等教育機関へ進学する。学生によっては大学入学資格を取得したあとに8ヶ月の徴兵制や、12ヶ月の社会奉仕義務を行う者もいるので、大学入学時の学生の年齢は同一ではない。

オーストリアでは、いわゆる日本でいう普通科コースに相当する後期中等教育に進学する者は約2割で、8割近くが職業教育を提供する学校（職業教育高等学校、職業教育基礎学校、職業学校）へ進学する。職業訓練のための教育は座学と見習い訓練が密に組み合わされた制度で、並行職業教育課程（デュアルシステム）と呼ばれている。職業教育学校へ進学したうちの4割がデュアルシステムを受ける。このデュアルシステムは、オーストリアの若年失業率がEU諸国のなかで低い水準を維持している理由の一つと考えられている。デュアルシステムはいくつかのキャリアパスを経て、継続教育と資格アップができる仕組みになっている。

林業・林産業においても見習い教育制度があり、現場が求める即戦力となる有能な人材の輩出に貢献している。オーストリアでは3万5,000近くの事業体が見習い訓練の職場を提供するなど、職業訓練生を受け入れる企業が多く、教育機関と実践現場が直接に結びついており、密接な産学連携により社会の要求に見合った教育を実現させている。

9-2　森林専門職の養成

オーストリアの森林専門職を養成するための教育課程は、前述した国内の一般教育制度の枠組み内で設計されており、対象となる専門職の種類と必要な林業教育の年次ごとに細分化されたキャリアパスが提供される。林業教育においても専門教育と職業教育的な要素が強く、様々な職種が必要とされる社会要請に呼応している。オーストリアにおける森林専門職は森林作業員（Forstarbeiter)、森林専門作業員(Forstfacharbeiter)、森林マイスター（Forstmeister)、森林監理官（Forstwart、チロル州とフォアアールベルク州では Waldaufseher という)、森林官（Forester)、林務官（Forstwirt）の計 6 種類がある。

オーストリア国内には 8 つの主要な林業関係の教育機関[*1]があり、さらに約 30 の農業・林業専門学校・継続教育施設がある。森林の専門職の職種に就くためにはそれぞれのキャリアパスが用意されている。森林専門職の養成課程は大きく分けて 2 通りあり、一つは専門職業教育的なキャリア開発であり、「森林作業員」や「森林専門作業員」「森林マイスター」と呼ばれる、現場作業従事者となる人材の育成である。もう一つは高等専門教育課程を通じて取得する森林法で定められた国家資格管理職養成のためのキャリア開発である（第 2 章参照)。オーストリアは、森林面積が 1,000ha 以上を有する森林所有者に対して、国家資格として定められた森林専門職を常勤で配置し、森林管理をすることを義務づけている EU で唯一の国であり(森林法第 8 条 113 項)、「森林監理官」「森林官」「林務官」と呼ばれる職種がその任に当たる（図 9-2)。

(1) 専門職業教育課程による現場作業従事者の養成

単純な林業現場作業を無事故で行うための講習と森林関連業務での実務経験を積んだ森林作業員や、500ha 以下の森林の管理と専門作業従事者のための森林専門作業員や、森林マイスターという専門職業教育キャリアの専門職は森林法ではなく州のレベルで管轄されている。

森林作業員になるためには、義務教育修了後の 15 ～ 17 歳になる 2 年間、森林関

	専門職業教育課程による現場作業従事者の養成					森林法が定める管理職の養成			
年齢	森林作業員	森林専門作業員			森林マイスター	森林監理官	森林官		林務官
28									
27									
26									国家試験
25									林務官補として2年間の実習
24									
23									林務官補
22								国家試験	連邦ウィーン農科大学（BOKU）での学校教育（5年間）
21					マイスター試験		国家試験	森林官補として2年間の実習	
20				卒業試験	試験準備講座		森林官補として2年間の実習		
19				実習（3年間）および講座の受講（最低120時間）				森林官補	
18			卒業試験		森林専門作業員（試験合格者）		森林官補	森林技術専門学校での学校教育（3年間）	一般教育高等学校での教育
17		卒業試験	関連実習			森林監理官養成所での学校教育	森林技術専門学校での学校教育（5年間）		
16	関連職種での実習	研修（3年間）および職業学校（3×9週間）	農業専門学校（3年間）		実習（3年間）			農林業専門学校での学校教育（3年間）	
15									
14									

図9-2　オーストリアの森林専門教育システム
森林専門職において森林作業員、森林専門作業員、森林マイスター、森林監理官、森林官、林務官それぞれの教育段階ごとの実務経験と必要な取得単位数は異なっている。
［出所：オーストリア大使館商務部の資料をもとに作成］

連業務での実務経験を積みながら、連邦や州の林業研修所で1週間ほどの講習を受ける。

農林業の生産・技術に関する職業見習い訓練は15職種ある。公認の農林職業学校数は2017年時点で全国に14校あり、農畜産業、農業家政学、造園、野菜栽培、果樹栽培、ワイン醸造、酪農、馬産、漁業、養鶏、養蜂業、林業、苗圃（びょうほ）および森林保護、農業在庫管理、バイオマスとバイオエネルギー（2013年から新たに追加）の職種の専門作業員資格取得のための研修を行っている。

木材加工や製材など木材産業に関連する職種の教育は工業系の職業学校で行われる。現在実施されている課程はフローリング、プレハブ建築、木材技術、紙技術、防音建築、スキー板製造、家具職人、家具設計、家具生産技術、大工である。これらは見習い訓練として約3年間の研修・教育を受けることになっている。

紙・パルプ産業分野に関連する職種は紙生産工、機械・金属工、電気管理工、化学検査技師、エネルギー環境工学技師などがある。紙・パルプ協会が運営する職業教育機関もある。職業準備校を経て15歳から職業訓練の道に進んだ者は見習い訓練生となり、企業での見習い訓練を有給で行う傍ら、職業学校での学習を進める。座学は夜間や集中授業などで時間繰りし、職業訓練と並行して行えるように学習プログラムを組んでいる。指導時間の配分は、例えば見習い訓練が75～80%、技術専門学校での授業学習が20～25%（例えば週4日出社し1日は通学する）、訓練期間は2～4年間である。見習い訓練を提供する企業の規模は様々で、従業員数が数百人規模の企業もあれば、親方一人だけの自営業者の場合もある。

森林専門作業員になるためには3通りの選択方法がある。1つめは3年間見習い訓練をしながら職業学校に通学するデュアルシステムで森林専門作業員の受験資格を得る方法、2つめに職業教育基礎学校レベルである農林専門学校に3年間通学し、連邦・州林業研修所が提供する養成課程を受講し資格試験を受ける方法、3つめに3年間の実務経験に加え、最低120時間の資格準備講座を受講したのち試験（受験資格は20歳以上）を受けるキャリアパスである。どの方法も資格を取得するためには最低3年間の実務経験が必要であり、資格取得可能な年齢は最短で17歳である。カリキュラム内容は森林生産、林業技術と作業技術、ワークデザイン、作業安全と応急処置、工学・建築学、森林経営、木材市場論などである。森林専門作業員の資格取得者は、植林や森林整備、伐木集材など森林経営に必要な作業と、中小規模の森林経営のあらゆる業務の実践能力と、持続可能な林業に関する実践的な知識を身につけることが求められる。

森林専門作業員の上級資格として森林マイスターがある。この資格は森林専門作業員の資格取得後さらに3年間の実務経験を積んだ者が、連邦・州の林業研修所が提供する11週間のマイスター試験準備講座を受講して試験にのぞむ。訓練内容は森林生産、森林作業と林業技術に加え、経営マネジメントならびに職業訓練と従業員マネジメントが含まれる。森林マイスター資格取得者は林業のあらゆる作業における卓越したパフォーマンスと専門家・リーダーとして必要な能力を有し、職業訓練生の養成に携わる。どのキャリアパスにおいても実務経験を重要視していることがわかるであろう。

(2) 森林法が定める管理職の養成

森林法のもとでは森林管理に関する森林専門職として、森林監理官、森林官、林務官が定められている。

森林監理官になるには森林法が定めた森林監理官養成所で2年間の教育を受けなければならない。森林監理官養成所はチロル州にある州立LLAロートホルツ農業専門学校（Landwirtschaftliche Landeslehranstalt Rotholz）とオーバーエステライヒ州にある連邦トラウンキルヒェン森林技術研修キャンパスの2ヶ所がある。森林監理官は1,000haまでの森林面積を管理することが認められている。この規模の森林面積を所有する林業事業体には、森林経営共同体や農業共同体などがあり、そういった林業事業体に就職し、その事業体の森林経営を担うこともある。その他、卒業生は製材所や木材調達、連邦砂防事務所、オーストリア連邦林、職業ハンター、国立公園・自然保護関連業務、市町村林、公務員などの職業に携わる。

森林官は国家資格であり、日本でいう高等専門学校（高専）に当たる、連邦ブルック森林技術高等専門学校（Höhere Bundeslehranstalt für Forstwirtschaft Bruck an der Mur）において養成される。5年間のカリキュラムを修了すると森林官補という資格が授与される。その後関連業務の実務経験を2年間積むと国家試験受験資格が得られ、試験に合格した後に森林官という国家資格が授与される。森林官は森林面積1,000～3,600haまでを所有する林業事業体の経営を主導する管理職・責任者となる。養成課程では、森林作業や管理に携わる専門職員に必要とされる、一般教養、生態学、森林技術、経済・法律、実習訓練の教科を柱とした学際的な教育を行っている。履修時間は5年間で6,800時間の科目履修と720時間（18週間）の実習訓練である。森林官の活動範囲は、森林経営の指導（オーストリア森林法に準拠、面積3,600ha未満の場合は単独管理）、森林関連企業の経営、森林局、農林会議所でのコンサルティング業務、設計事務所、土木技師、木材販売、専門顧問、市町村の公的機関、教育・研究、河川氾濫・雪崩対策、自然環境保護、緑地管理、国立公園、狩猟、漁業、森林用ソフトウェア・アプリケーション（GISなど）、森林教育、公的サービス、開発援助などである。

林務官の国家資格取得は、森林法で規定されている林務官国家資格養成課程の義務教育機関である連邦ウィーン農科大学（BOKU）の森林学科にて5年間に及ぶ高等教育カリキュラムを修了する必要がある。BOKUはハプスブルク帝国皇帝フランツ・ヨーゼフ1世の治世の1875年に専門的な林業教育のために設立された。それ以前は、シェーンブルン宮殿近くのマリアブルンに森林アカデミーが置かれていた（現在のオーストリア連邦森林・自然災害・景観研修センターの前身）。BOKUの森林学科には普通科高校卒業生だけでなく高専卒業生や社会人もおり年齢層は様々である。大学を卒業時に林務官補という資格が授与され、その後関連業務の実務経験を2年積んだのち国家試験受験資格が得られ、試験に受かると林務官という国家資格が与えられる。国家試験は1週間続き、筆記試験と口頭試問と現場試験が行われる。林務官は森林面積3,600ha以上を所有する林業事業体の経営を行う管理職・責任者になる。

第3章でも述べたが、オーストリアでは200ha以上の森林面積を持つ大規模森林所有者や事業体は全体の2割にしか過ぎない。森林法で定められた1,000haの森林面積を管理する森林監理官や森林官、林務官を配置する林分は限られているが、重要なことは、例えば森林組合が小規模森林所有者の小面積林分を集約化して広域に森林管理をする場合は、組合ごとにその管理面積に対応した森林専門職を配置しなければならないことである。つまり、ある広域管理が適正に実施されなかった場合、国土保全の意味で何らかの大きな影響が出る可能性があり、これを保証するために国家資格を持った専門職がその面積を管理する義務がある。森林官も林務官も卒業時までの学校教育はあくまで専門職となるための入り口であって、すぐには国家資格を取得することはできない。オーストリアでは高等教育のキャリアパスにおいても現場と結びついた実務経験の有無を重視していることがわかるであろう。

ちなみにオーストリアの大学制度は日本における制度（4年制学部と2年制修士課程）とは異なっている。日本の教育制度はアングロ・サクソン系の流れをくむイギリス・アメリカを発祥とする制度を移入したが、オーストリアでは大学の最低修業年数は5年間である。この5年制教育制度はドイツやスイスなどの中央ヨーロッパやイタリア、フランスで一般的であり、ローマ・システムと呼ばれている。単位数は日本の学部プラス修士に相当する。どの学科でも5年で卒業する学生は限られており、森林学科の場合は卒業までに平均6～7年、工学系の大学だと10年近くかかる分野もある。在籍中に半年から1年の欧州交換留学制度などを通して国際経験を積む学生も多い。森林系であれば奨学金を受けながら、北欧などの大学に留学し、外国語や林業に関連する授業を受けて単位交換ができる制度も充実している。

入学時の林務官養成課程の学生数は年間80～100人程度であるのに対し、卒業生は年間30人程度である。入学者の中には在籍中に他学部に転出したり、仕事を見つけて退学する学生もいる。卒業後すぐに仕事が見つかるのは、有給実習を通じて就職先に目星をつけている人か、雇用主から引き抜かれる学生である。卒業後の進路は省庁や州森林局、あるいは農林会議所のような半官の政府関係の仕事と民間事業体が多い。オーストリアでは公立大学の学費がかからないので、例えば経済学部など他の学部に所属して、複数の学位を取得する学生もいる。

図9-3　連邦ウィーン農科大学（BOKU）の学位授与式
［写真提供：青木健太郎］

5年間の大学教育課程を修了するとディプロマ（Diploma）という高等教育学位を授与される。オーストリアの林務官養成課程修了者にはラテン語のDiplom Ingenieur（略称ではDipl.-Ing.やDI）として他の工学分野と同じ高等技術者の学位が授与される。ディプロマの学位が授与される式典のときには、それぞれ「専門分野で社会に貢献すること」と「自分の専門分野を学び続けること」を宣言する。博士号の学位授与式のときにはさらに「人を育てること」が加わる。学位授与というと華やかなイメージであるが、授与式のあとには社会での振る舞いに対して責任の荷を背負っていくということである（図9-3）。学費がかからないのは国民の税金の還元であり、技術専門者として学び続けることは、プロフェッショナルとしてある意味当然のことである。

農林業や環境分野の大学以外の教育機関、例えば職業教育基礎学校や職業教育高等学校の教員になるためには、BOKUを卒業したあとに連邦農業環境教育大学（Hochschule für Agrar- und Umweltpädagogik：HAUP）でさらに2年間の教育課程を修了している必要がある。大学の教授職に就く場合には、博士学位取得後さらに研究を進め、ハビリテーション（Habilitation）という教授者資格を取得する必要がある。

国家資格レベルを有する森林監理官、森林官、林務官はそれぞれ求められる適用すべき知見の段階と責任の規模・重さが異なる。森林官や大学卒の林務官は、どちらかというと大規模な事業体で森林管区管理や林業事業体全体の責任者・マネージャーなどの職務を遂行するための役割と管理を担い、それに対し、森林監理官は、もう少し管理範囲が限定された事業として、小回りの利く中小規模の林業事業体の森林管理、あるいは林務官や森林官の下で働く専門職としての役割を担う。

9-3　森林技術研修機関と林業技術の普及

オーストリアでは森林法で定められている高等森林専門職の養成を受けた人たちが、農林会議所や州政府といった地方の機関に配置され、小規模林家に実務的なアドバイスや助言を行う活動を行っている。したがって、適正な教育を受けた専門職が国内のあらゆる森林を面的に管理する仕組みになっている。近年、地域での協同組合の構築や木質エネルギーといった分野はますます重要になってきているが、それらの専門技術的アドバイスを行うために、州の農林会議所や森林監査事務所、連邦の森林研修所なども重要な役割を果たしている。オーストリアには、連邦とシュタイアーマルク州農林会議所の２種類の管轄による林業系研修機関がある。

また連邦は、全国に４つの研究所と２つの研修所を持っている。連邦管轄の研修所は南部に位置するケルンテン州の連邦オシアッハ森林研修所と中央北部に位置する連邦オルト森林研修所である。それらの研修所は森林作業員、森林専門作業員、森林マイスターといった現場専門職を養成するための講習や講座を提供している。研修所では年間300近くの講習プログラムを実施しており、チェーンソの扱い方や作業安全講習をはじめとする森林作業員用の講習、森林教育のトレーナー養成の講習なども提供している。2018年には連邦オルト森林研修所と森林監理官養成所が統合され、森林技術研修センターとしてトラウンキルヒェンの新しいキャンパスで林業教育がリスタートした。

この連邦所管の森林技術研修センターでは、国際的な教育プログラムを導入して国際化も図っている。職業教育に根差した継続教育は国際的に認定された研修所として実施されており、外国人のための研修も行っている。森林技術研修センターには宿舎が備わっているので、現地に滞在しながら長期研修を受けることができる。

研修センターではヨーロッパにおける技術レベルの統一化を推進するため、ヨーロッパチェーンソ認証（European Chainsaw Certificate：ECC）やチェーンソ基準（European Chainsaw Standards：ECS）作りを進めている。

研修機関は州レベルでも設置されている。シュタイアーマルク州農林会議所所管のピッヒル研修センターの特徴は、森林技術の講習をはじめ、森林バイオマスエネルギーに関する講習も企画されている点である。バイオエネルギーおよびバイオマス専門作業員のための研修講座は、修了に必要とされる年間 250 単位の中で包括的なトレーニングを提供している。講習では、エネルギー経済の基礎、農林業におけるバイオマス生産、バイオマス処理技術、最大出力 4MW 以下の設備に対する技術、労働安全と事故防止、経営とマーケティング、プロジェクト開発、バイオマス分野の最新の状況などを学ぶことができる。

また、バイオマスエネルギーに関する国際的な事業にも参画しており、例えば木質バイオマスエネルギー・トレーニング・ネットワーク[*2]では、ヨーロッパのバイオマス部門に関する標準的な職業教育に対し、質の高い職業教育という観点から、不十分な部分への補完を進めている。加えてバイオマスエネルギー部門による福利厚生[*3]という事業では、長期失業などの理由により就職が難しい市民に対し、バイオマスおよび森林保全関連への勤務を斡旋し、雇用を推進するパイロット事業を実施している。

9-4　林業作業の安全の徹底と実務教育

安全な作業を徹底させるためには、教育は最も重要なテーマの一つである。オーストリアでは林業事故件数は 1990 年以降、木材伐採量が増加しているにもかかわらず年々減少傾向にあり、2011 年には年間 1,700 件近くまで減少するなど作業安全の徹底による成果が上がっていることがわかる（図 9-4 上）。事故の減少は作業の機械化が進んだことによる効果も大きい。しかし一方で、特に小規模の農家林家の作業者は適切な装備を身につけていなかったり、安全講習を受けていないなどの原因でゼロにはならない状況もある。事故原因の内訳は、チェーンソ作業の際に生じる事故件数が 3 割を占める（図 9-4 下）。ECC は、安全性の向上、危険と負担の軽減、ヨーロッパにおける同一資格基準の普及などを目的としている。ECC がまとめた作業中の事故の原因のうち、5% が技術的理由、10% が組織的なミス、85% が

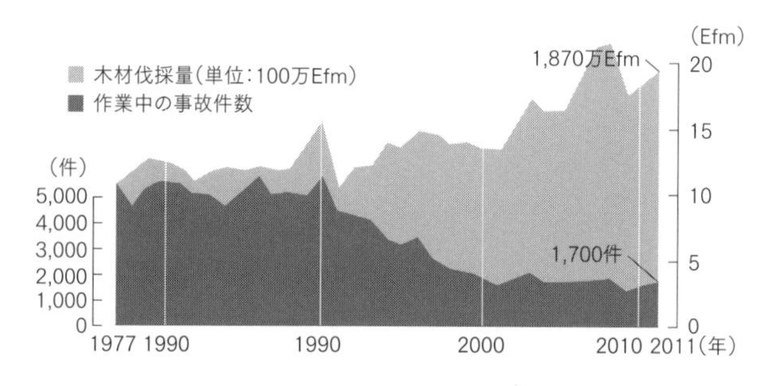

	件数	死者
チェーンソによる作業	359	—
(倒木や損傷木)の切り出し	168	3
伐採	141	6
移動(徒歩)	96	1
集材	82	3
工具による作業(チェーンソを除く)	52	—
輸送	33	2
その他	130	3
合計	1,061	18

図 9-4　オーストリアにおける木材伐採量と事故件数の推移(上)および事故の作業種類別内訳(下)(2011 年)

[出所:Datensammlung zum Österreichischen Waldbericht 2015(https://www.bmnt.gv.at/service/publikationen/forst/datensammlungwald15.html)]

その他の理由であり、作業事故の 95% は回避可能と報告している。

連邦や州の森林研修機関や農林会議所などは小規模農家林家へのアドバイスや助言を行っており、一体的な専門的指導のもと、隣接する森林を面的に維持管理させるような横断的な組織体制の構築を進めている。またそれら研修機関は安全技術講習や森林教育に関する継続教育講習など、専門・技術的知見を普及する役割を担うだけでなく、森林関連職の生涯キャリアパス支援にも役立っている(図 9-5)。

ヨーロッパでは多くの林業労働者が必要とされるとともに、労働移民の増加が進んでいる。労働安全の向上や、長期的に木材資源を確保する林業を維持するために

図 9-5　安全講習の風景、かかり木処理のシミュレーション装置（左）と伐倒木のたわみによる応力を学ぶ装置（右）
［写真：青木健太郎］

は、ヨーロッパで共通となる基準および認証が必要とされており、欧州各国の基準を統合するとともに、教育プランの統一を図ることが課題となっている。国内の森林技術研修機関の大きな使命の一つは作業事故を減らすことにあり、そのための補助金も導入されている。ちなみにオーストリアには出稼ぎ外国人作業員がいるが、外国人作業員の事故件数の情報は不明である。外国人森林作業員には現在クロアチア語、セルビア語とルーマニア語の作業安全ガイドラインを用意している。

9-5　子どもたちへの森林教育

子どもたちに行う森林教育には、小さい頃から自分たちの地域の森に触れる機会を通じて、森林は欠くことのできない地域自然資源であり、持続可能な森林経営の必要性を広く知ってもらう役割がある。林業関係者は森林という公共的自然資源を維持・管理し、改善していくという重要な役割を担っている。森林教育は多くの人にそのことを伝えていくための手段としてとても重要である。

オーストリアには森林教育の有資格トレーナーがおり、彼らは日本でいう小学校 3 年生から 6 年生に対して森の学校を開いている。森の学校では森林・人間と環境のつながりを伝えるために自然の中で触って感じてもらう体験型の教育を行う。2013 年時点で国内には 450 人以上の森林教育のトレーナー資格者がおり、延べ 6,000 近くの活動を行い、参加者はおよそ 9 万人に達した。例えばウィーン市森林・農業経営局は、1998 年に子どもたちへの森林教育を行うための森林学校を国内で最初に設立した。年間4,000人の学童が森林学校を訪れている。森林技術研修センターとブルック森林官高専が森林教育トレーナーのための研修を行っている。

2007年に開催された第6回国連欧州経済委員会閣僚級会議（UNECE - Ministerial Conference）“ヨーロッパのための環境”において、環境と持続可能な開発のための教育の重要性が強調された。今日森林教育はオーストリアだけでなく、EU域内でも面的に広がっている。

1：LLAロートホルツ農業専門学校（森林監理官養成所）、連邦トラウンキルヒェン森林技術研修キャンパス（FAST Traunkirchen／FFS（森林監理官養成所）、FAST Ossiach（連邦オシアッハ森林研修所）、HBLA Bruck an der Mur（連邦ブルック森林技術高等専門学校）、FAST Pichl, HAUP（連邦農業環境教育大学）、BOKU（連邦ウィーン農科大学）

2：http://www.eduforest.eu/?lang=fr&titre=wetnet-wood-energy-training-network-wetnet-reseau-formation-bois-energie&rub=2&srub=6&body=19

3：http://www.biomassehof-stmk.at/projekte/sozialer-biomassehof.html

第10章　オーストリアと日本の比較

社会の仕組みや産業そのもののあり方を大きく変革しようとするとき、いつの時代でも、産業界や学界のみでなく政治や行政もまたその「本気度」を問われる。

今から約9年前、我が国の林政が「林業再生」のかけ声のもと、大きく変革しようとする流れの中で、長野県でも林業・木材産業の構造をいかに良い方向へ導くべきかという重大な課題が持ち上がった。そこで中央ヨーロッパの内陸山岳国オーストリアの先進的な取り組みに注目し、今後必要となる技術や考え方、人材育成のあり方などを学んで、長野県を「森林県」から「林業県」へと飛躍させようという取り組みが、産学官関係者の連携のもとに始まった。

その後、オーストリアの林業・木材産業に関する現地調査を進めると、その立地条件から法律・政策等の制度にいたるまで、様々な点で我が国よりも先進的で成熟している状況が見えてきた。これを我が国に適用できるかどうかは、各事例を客観的に見て、我が国の状況や長野県の状況に照らして、冷静に比較・考察してみることが重要であり、それを広く共有することによって、将来の我が国、または長野県での林業・木材産業の構造改革につなげられるものと考えている。

本章では、日本の林業・木材産業との違いに焦点を当て、オーストリアと日本の比較を行う。

10-1　地勢や社会状況の理解

両国の森林や林業に関するデータ等を比較する前に、その背景となる地勢や社会の状況を把握し、整理しておきたい。

オーストリアの人口は約880万人、日本のわずか7％程度であり、国土面積は8.4万 km^2 と日本の約2割である。

急峻な地形の山国であることは日本と類似しているが、オーストリアは諸外国（8ヶ国）と陸でつながっている点が、海洋国家（島国）である我が国と大きく異なっており、当然のことながら陸路貿易が盛んである。ちなみに人口・面積ともに日本よりも小規模であるが、長野県と比較すると、人口は長野県のほぼ4倍、面積は約6倍である（表10-1）。また、海に面していない点など長野県との共通点は多い。

表10-1　人口および国土面積の比較（2017年）

区分	オーストリア	日本	長野県
人口	880万人	1億2,671万人	208万人
面積	8.4万㎢	37.8万㎢	1.4万㎢

次に経済的側面を見ると、オーストリアのGDP（国内総生産）は4,168億ドルで、日本の1割にも満たないが、国民1人当たりで見れば、オーストリアの方が約9,000ドル高い。世界競争力ランキングや世界デジタル競争力ランキング、ビジネス環境ランキングは、いずれも日本より高い位置を占めている（表10-2）。

主に輸出が経済を牽引しており、主な品目は、自動車部品、電子機器、産業用機械等である。主要な貿易相手国はドイツを筆頭に、イタリア、アメリカ、スイス等で、対日貿易では、近年、自動車や構造用集成材が伸びているのが特徴である。

観光産業も盛んであり、ウィーンやザルツブルク、チロル地方を中心に、年間を

表10-2　経済的指標の比較

区分	オーストリア	日本
GDP（MF、2017年）	4,168億ドル	4兆8,721億ドル
1人当たりGDP（IMF、2017年）	4兆7,290ドル	3兆8,440ドル
世界競争力ランキング（IMD、2017年）	25位	26位
世界デジタル競争力ランキング（IMD、2017年）	15位	27位
ビジネス環境ランキング（世銀、2018年）	22位	34位

1ドル＝115円（2017年1月平均）で換算すると、GDPはオーストリア：47兆9,320億円、日本：560兆2,915億円、1人当たりGDPはオーストリア：約545万円、日本：441万円。

通じて国内外から多くの観光客を呼び寄せている。

失業率は他の欧州諸国よりも低く、経済的に豊かな国であり、物価については日本よりもやや高めといったところである。

所得に対する租税負担や社会保障負担の割合を見る「国民負担率」では、日本が42.5%であるのに対して、オーストリアは63.7%と非常に高い（表10-3）。その半面、個人が負担すべき学校教育費は低く、また、医療や福祉関係においても負担が少ない。

注目すべきは、世界幸福度ランキングでオーストリアが常に上位にあり、日本は低位ということである。世界幸福度ランキングは、156の国と地域を対象に「人口当たりGDP」「社会的支援」「健康寿命」「人生の選択の自由度」「寛容度」「腐敗の認識」の6項目について、各国約1,000人に調査が実施されるもので、北欧や中央ヨーロッパ、オセアニア地域等が上位の常連である。

表10-3　その他社会的指標の比較

区分		オーストリア	日本
世界幸福度ランキング（国連、2018年）		12位	54位
国民負担率（財務省、2018年度）		63.7%	42.5%
合計特殊出産率（各国資料、2016年）		1.49	1.44
高齢者比率（各国資料、2017年）		19.2%	27.1%
女性の労働参加率（OECD、2015年）		72.5%	70.6%
学校の教育費のGDP比（文科省、2009年）	公財政支出	5.7%	3.6%
	私費	0.2%	3.6%

輸出を中心に経済的に発展しているところは両国の共通点であるが、国民の幸福度に大きな差が見られることは興味深い点である。これは、スコア的に見て、国民負担率や教育・医療・福祉コスト等が直接影響している項目が見当たらないため、調査対象者である各国民の主観が影響しているものと推測される。もしそうだとすれば、上位国の先進性や特徴は、その国民性と密接な関係があるものと考えられるため、様々な点で両国を比較する場合には、データのみでなく、その国民性やデータの裏にある「質」の部分にも思いを巡らせる必要があるだろう。

10-2　森林の立地条件と林業の基本構造

日本は地衣類や無脊椎動物を除き、動植物種の多様性がオーストリアと比べて圧倒的に高く、この違いは、国土面積、気候、地理的条件、地理形成によるものである。例えば、植物種は日本では維管束植物7,000種に対してオーストリアでは2,950種である[*1]。

年間降水量は、国内の平均的な値で見た場合、オーストリアは日本よりもかなり少雨である。日本の中において長野県は比較的降水量が少ないが、それでもオーストリアよりは多い傾向にある（表10-4）。特に日本では、植物が成長する6～8月上旬にかけて梅雨の季節を迎え、草本植物の活発な成長のもとで木本植物は厳しい競争にさらされる。

そうした条件にあって地形および地質を見ると、急峻であることは双方に共通するが、オーストリアはかつて氷河の侵食作用によって表層土壌が大きく削られ、強固な岩盤が露出している場合が多く、地盤が比較的安定している。一方、日本はオーストリアに比べ地史的に新しく脆弱なところが多い。加えて豪雨や地震等が誘因となって土砂災害等が発生しやすいという点や、小さく細かな谷・尾根が多く、複雑地形であるという点でも異なる。

表 10-4　年間降水量、地形・地質の比較

区分	オーストリア	日本	長野県
年間降水量	620 ～ 1,160mm	700 ～ 4,400mm	890 ～ 2,500mm
地形・地質	・地形は急峻 ・石灰岩多い ・地盤は比較的安定	・地形は急峻 ・火山性地層等 ・脆弱な地盤が多い	

［出所：長野県林務部業務資料］

こうした立地条件の違いは林業に大きな影響を与えている。オーストリアではトウヒが比較的容易に天然更新し、その成長も旺盛である。しかし日本では、ヒノキやカラマツを植えても種間競争が激しくなり、放置した場合は、他の競争植物（特に陽性植物）に樹冠を優占されて思うように成長できない。このため、下刈りや除

伐といった作業期間が長く必要となる。誇張して表現すると「オーストリアは植えたら簡単に森林（やま）になるが、日本は植えただけでは雑山にしかならない」上に、「日本は、植物種の多様性や温暖多雨な環境によって、ヨーロッパ中央部の林業地帯よりも林業的（作業効率・経費的）に不利な環境」と言える。しかし自然の多様性では、種の多さや温暖多雨の気候条件と相まって、日本は非常に豊かな国土であると考えることもできる。

表10-5にオーストリアと日本、長野県の森林・林業等の基本的なデータを示した。まず、森林面積は日本がオーストリアの6.5倍超、森林率も日本が2割以上上回っており、日本の方が「森の国」と言えそうである。

しかし、単位面積（ha）当たりの平均蓄積量を見ると、オーストリアが大きく上回っている（約1.5倍）。これは、主要樹種であるドイツトウヒの成長の良さとも取れるが、広葉樹の割合や齢級構成、長伐期経営等の違いが多少影響しているのではないかと思われる。

オーストリアの森林所有者の多くは農家林家であり、所有面積規模は欧州の中で

表10-5　森林・林業等の基本項目の比較

区分	オーストリア	日本	長野県
森林面積	400万ha	2,508万ha	106万ha
森林率	47.6%	68.5%	78.9%
平均蓄積量	335m^2/ha	200m^2/ha	183m^2/ha
主要樹種	トウヒ	スギ	カラマツ
個人森林所有者数（A）	15万人	83万人	16.5万人
うち5ha未満の所有者数（B）	6.9万人	61.7万人	15.2万人
（B／A）	46.0%	74.3%	92.1%
（A）の平均面積	22.7ha	6.2ha	1.7ha
路網密度	89m/ha	20m/ha	20m/ha
年間木材生産量	1,755万m^3	2,714万m^3	50万m^3

＊オーストリアの森林データは2018年時点、所有者データは2010年の数値
＊日本の森林所有者は保有山林面積1ha以上の世帯（2015年農林業センサス）
＊オーストリアと長野県の森林所有者は所有規模0～1haを含む

［出所：長野県林務部業務資料］

は小規模と言われているが、日本や長野県よりは大規模である。現地調査での政府関係者への聞き取りによれば、近年は都市部在住の不在村所有者等の林業離れが懸念されており、この点においては我が国と同様の傾向にあると思われる。しかし、オーストリアの木材生産のうち約半数は農林家の自伐によるものであって、50ha以上所有している農林家の場合は、林業を主な収入源としており、やはり、自伐「農林家」の規模や生産性のレベルは、一般的な日本国内のそれとは大きく異なっている[*2]。

路網密度はオーストリアが日本の4倍以上と大きく、年間木材生産量についても、森林面積の規模からすれば日本に比べてオーストリアでの木材生産活動がいかに活発であるかということがわかる。

次に、森林の齢級構成に着目する。オーストリアをはじめとするヨーロッパの林業先進国では、古くから恒続林思想があり、高齢級まで林齢が平準化されている。これに対して日本や長野県（全国的にほぼ同一傾向）では、戦後、国策として皆伐跡地への植林や拡大造林が大規模に行われ、これらが現在、林齢60年前後の人工林として偏った形で存在している（図10-1）。

ちなみにオーストリアでの木材生産は、林齢80～100年の森林を対象に2ha以下の小面積皆伐作業と漸伐作業が主流であり、計画的な主伐による生産形態が特徴である。

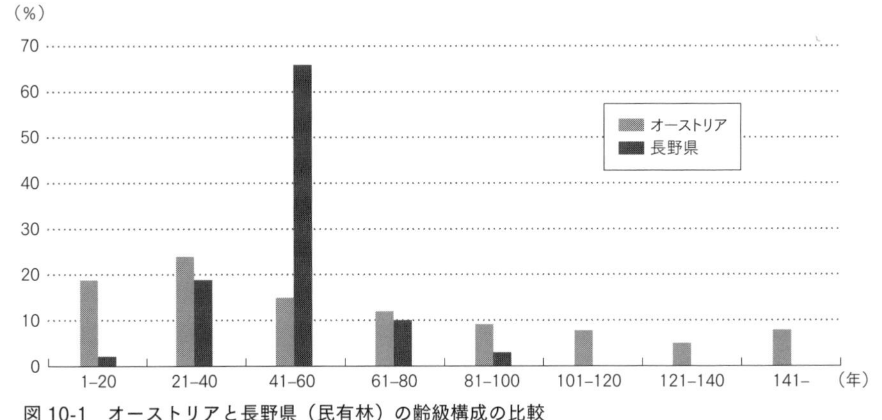

図10-1　オーストリアと長野県（民有林）の齢級構成の比較
［出所：長野県海外林業技術等導入促進協議会「平成27年度オーストリア森林・林業技術交流調査報告書」P.46］

齢級構成以外で日本と大きく異なる点は、所有権などの森林情報や森林境界が明確になっていることである。登記制度は1700年代の女帝マリア・テレジア時代から確立されており、古くから厳格に運用されているとともに、国の機関であるオーストリア連邦森林・自然災害・景観研究研修センター（BFW）が10年ごとに森林調査を実施し情報を更新している（詳細は第2章参照）。

いずれにしても、我が国がすぐに真似できないこととして、高密度路網と林齢平準化に加え、早くから整備された森林情報（所有と境界の明確化）、これらがオーストリアの先進的な林業を支える基盤の大きな要素となっている。オーストリアのような生産性の高い林業を目指すならば、気候や地理、植生等の条件の違いを踏まえつつも、これらの基盤を着実に整備していくことが求められる。

10-3　森林計画と法制度・補助金制度のあり方

ここでゾーニングと森林計画、補助制度等について触れておきたい。

第2章で述べているオーストリア森林法で定められた森林計画制度「WEP（森林開発計画）」や「WAF（森林専門管理計画）」は、持続可能な森林政策に資するため、森林生態や経済、社会的基盤を国民に広く認識されるように“可視化”されており、誰でも閲覧できるゾーニング図が提供されている。

日本の森林計画制度におけるゾーニングは、森林の多面的機能（重複機能）を反映し「水源涵養」「山地災害防止・土壌保全」「快適環境形成」「保健・レクリエーション」「文化」「木材生産」となっているが、オーストリアに比べ非常にわかりづらく、またその機能区分を森林所有者や一般の市民が目にする機会が少ないのが現実である。さらに、どのような過程で機能区分されたかも一般的に理解されていない。

近年、長野県内において市町村が独自で該当行政区域の森林について生物多様性、防災機能等を考慮したゾーニングを検討している事例[*3]が見られる。オーストリアのように森林機能類型区分をより“見える化”し、所有者はもとより一般住民が理解しやすく、森林経営を積極的に実施するエリア、保全すべきエリア、自然に委ねるエリア、コミュニティーとして管理すべきエリアなどを特定するゾーニングが我が国でも必要な時期ではないかと考えられる。

WAFは、我が国の市町村森林整備計画と森林経営計画の両要素から構成されている。オーストリアにおいても小規模森林所有者の森林経営計画の策定率は低いが、「森林経営計画の策定＝補助金」でない点も背景にあると思われる。

日本においては2012年の森林法改正により森林経営計画（森林法第11条）制度が開始され、その策定が順次行われている。ただし、その現状を見ると、補助金に合った森林を探し、補助金を得られる森林を対象としての計画策定と思われる例もある。日本の造林補助金（森林法第193条の補助）は、森林経営計画樹立森林であれば補助率が高くなる。この運用制度は、森林計画を適切に推進するには良い方法であるが、所有者や実施者側の計画に関与する主体性・所有者意識や、自らの森林に対する林業経営のポテンシャルを把握することの必要性、さらには森林の保全および資源の有効利用といった持続可能な森林管理を目的とすることの意義を理解しているかどうかを問うものであり、「森林経営計画の達成率＝補助対象森林の拡大」に終わってはならない。日本でも森林計画の趣旨とその意義を明確に森林所有者や住民に伝えていく必要があるのではないか。

次に、林業関係補助金であるが、オーストリアの補助制度は、EUプログラムによって進められており、自由度という点で多少窮屈な感も見られるが、「平等かつ透明」「国土、国民を守る公共事業」を基本原理として運用されている。補助事業は、国土保全に資するための公共事業であり、森林資源の充実により木材資源を有効活用し、地域経済の活性化や林業の成長産業化を進めるための公共事業でもある。このため、ある一部の森林所有者の利益、特定個人資産還元のための制度ではない。この基本は、オーストリアでも日本でも、公共性を有する事業を実施する事業体であれば当然である。ただ、オーストリアでは路網整備や一部再造林等への補助制度はあるものの、間伐等の伐採に対する補助制度や機械導入への支援策は用意されていないのに対して、我が国の素材生産等の現場においては、補助金への依存度が比較的高い状況にある。補助制度の基本原理を守りつつ、産業としての自立を促すための制度設計も必要である。

なお、補助制度ではないが、オーストリアでは森林認証制度が日本よりも広く普及しており、この制度がWAFの代替の役割を果たし、持続可能な森林経営管理と競争力の高い林業・木材産業の実現に貢献していることも我が国との大きな相違点である（詳細は第8章参照）。

10-4　近年の林業・木材産業の発展経過

次に、これまで見てきた両国の比較をベースに、なぜオーストリアの林業や木材産業がここまで進歩したのかといったところに注目し、政策展開の経緯等について述べてみたい。

オーストリアでは、1950年代後半からの材価低迷による林業採算性の悪化に加え、1960年代後半の景気後退等を背景に、豊富にある森林資源を有効に活用して国内経済を好転させるべく、政府の林業振興への投資が強化された。特に路網等のインフラ整備に集中的な補助が行われている。

この頃の日本といえば、戦後の拡大造林期である。材価も充実していたため、将来を見据えてスギやヒノキ、長野県においてはカラマツの植栽が盛んに行われた時代である。この時期にオーストリアでは、戦後伐採が進み、1960～70年代では植林面積が増加したが、林齢が平準化された優位性の中で、造林事業とともに効率的な木材生産を意識した基盤整備が並行して進められていたのである。

続くオーストリア林業の大きな転換点は、1980年代後半から進められた川下の木材産業における大規模・効率化である。整備されてきた路網等の基盤を活用して、原木を安定的に調達する仕組み作りと、その受け皿となる製材工場の技術革新と大規模化に集中投資したことに加え、製材端材や製材に向かない低質材等を無駄なく使う木質バイオマスのエネルギー利用の促進にも大幅に投資し始めたのがこの頃である。

これらの動きは、川上である林業や木材流通の現場にイノベーションをもたらした。結果として、車両系架線集材システムをはじめとする高性能林業機械の開発や林業生産性の向上、原木直送システムの定着、サプライチェーンの構築等、生産流通の合理化が図られ、川下の改革と合わせて、高い国際競争力を持った産業構造が実現された（詳細は第4章参照）。

同じ頃日本では、戦後植栽された人工林が30～40年生になった時期であり、間伐主体の時代を迎えるが、効率的な施業を実施することができず、一方で海外から競争力の高い木材が多く輸入され始めたことで、産業としての林業は長い低迷期に突入していた。

半世紀前から続くオーストリア林業・木材産業の発展の歴史は、最近の約20年でさらに成熟したものとなっている。それを確固たるものにしているのが、法制度に基づいた林業・木材産業を担う人材の育成システムである。EUでは、経済成長戦略の中での充実した職業教育訓練を目指して、ボローニャ・プロセスやコペンハーゲン・プロセス等の教育水準を統一するための方針が決定され、創造性の向上や新機軸を常に打ち出すことを目指した取り組みが推進されている。

こうした方針のもと、オーストリアにおいても、農林専門学校や森林技術高等専門学校、森林研修機関、大学等において、高いレベルでしかも堅実な人材育成制度を前提に、新規人材・社会人を問わずに役割・資格に応じた技術者を養成している。また、それと同時に、常に変化する新たな技術やシステムに対応すべく、産学官連携や他分野・異業種連携が盛んに行われており、人材育成と技術開発・システム開発が、車の両輪のように推進されている。こうした体制が、先進的な林業・木材産業に対してさらにイノベーションを創出させる原動力となっていると考えられる（詳細は第9章参照）。

日本では、戦後植栽した人工林がようやく主伐期を迎えようとするに当たり、2000年代に入って、国産材を大量に加工する合板工場や製材工場の整備が推進された。また、2010年代には、木質バイオマス発電による電力の固定価格買取制度（FIT）が開始されたことで、木質バイオマスの利用量も飛躍的に拡大し、下がり

表10-6　生産性等に関する比較

	オーストリア	長野県
主伐・搬出の生産性（緩斜面）	80m^3／人・日	7m^3／人・日（緩急平均値）
主伐・搬出の生産性（急斜面）	20m^3／人・日	
伐採・搬出コスト	2,600円／m^3	4,200円／m^3
伐採技術者の年収（税引き前）	570万円（平均）	300万円（勤労5～10年目）
原木販売価格（山土場）	13,000円／m^3	8,000円／m^3
伐採技術者死亡事故発生率	1.05人／100万m^3	6.86人／100万m^3

*長野県林務部調べ（2015年）、1ユーロ＝135円で計算
*事例調査（聞き取り等）の結果から作成されたもの
*長野の死亡事故発生率は、2013年の「長野県内の労働災害・死亡災害事例」（長野労働局）および「木材統計」（農林水産省）をもとに算出されたもの
［出所：長野県林務部「オーストリアとの森林・林業に関する技術交流について（平成29年5月）」P.10（長野県とオーストリアとの比較）］

続けてきた木材自給率は回復基調となってきている。

しかし、産業構造の改革に早い時期から着手し、また、資源の齢級構成等でも優位性のあるオーストリアと比較すれば、表10-6に示すように、長野県の林業・木材産業の競争力はまだまだ低い。改善傾向にはあるものの、生産性や効率性、人材育成や事故発生率など様々な点において、未だ発展途上の状況である（オーストリアと日本の育林コストの比較については第3章参照）。

なお、ここで、近年我が国で飛躍的に拡大している木質バイオマスのエネルギー利用について触れたい。第7章でも述べているが、オーストリアでの木質バイオマス利用は非常に先進的であり、後発である我が国の状況とは大きく異なっている。

日本の木質バイオマス利用量の拡大は、バイオマス電力の固定価格買取制度が開始されたことが大きな要因であるが、この制度の導入は欧州の方がずっと早かった。現在にいたるまでに制度改革が何度か行われ、オーストリアでの現在のkWh当たりの買取価格（補助額）は、日本の半分程度である。このため、オーストリアではバイオマス発電のみでは採算が合わないことから、よりエネルギー効率の高い熱に着目し、あくまでも地域熱供給をメインに、残ったエネルギーで売電するといった形の熱電併給システムとなっている。また、そもそも発電を伴わない小規模な地域熱供給システムの方が普及している。一方、日本の場合は、電力の買取価格が高いため、熱供給システムに投資するよりも発電のみで運営した方が収益率が高いことから、大きな資本による大規模発電プラントの件数が増えている。

しかし、エネルギーをより無駄なく利用するという観点に立てば、熱利用を優先させるべきであろう。さらに、熱を利用するにしても、オーストリアのように一定のエネルギー効率や環境性能を確保するための燃焼機器や燃料の規格、基準を定めることも必要であるし、住宅の高気密・高断熱化も重要である。

オーストリアの場合、これらが総合的に進められている。複数の住宅や公共施設等に地域熱供給事業を展開している事業者は、農林家が出資・運営している小規模団体等が多く、自らが燃料から温熱の供給まで行っている。それは小さく投資して小さく回収する地域の「身の丈に合った」システムであり、我が国においても、今後こうした方向を目指すことが望ましいと考えられる。

10-5　現地調査全般から垣間見える両国の違い

オーストリアの林業・木材産業に関する現地調査では、それぞれのセクターの責任者や現場で活躍する技術者からの生の声に触れることで、文献やデータでは得られないリアルな情報が入ってくる。そうした情報をもとに、オーストリアの林業・木材産業の特徴について、特に日本と大きな差異があると感じた点での私見を述べたい。

まず、これまで見てきたオーストリアのデータや近年の発展経過を前提としての話ではあるが、目立つのは林業現場の技能者の職業・経営意識の高さである。日本でも、長野県でも、意識の高い経営者や技能者のもとでは、場所によってオーストリアに近い生産性を実現している現場もあるが、オーストリアではなぜ、これほどまでに総じて生産性が高いのか。現場の声から印象に残っているものは次のとおりである。

「とにかく効率良く仕事をして生産性を上げないと生き残れない。高性能機械は1台数千万円と高額であり、補助金も出ないから、この借金を返すためには大変な努力が必要である。そのためには作業安全が第一であり、ケガをして休業することが最も生産性を下げることになる」。このコメントに対して、日本では高性能機械の導入や搬出間伐等の森林整備等に補助金が出る旨を伝えたところ、「補助金が出れば多分俺たちも生産性を上げる努力はしないよ。楽をしたいから。補助金が出ないから自ずと頑張るし、機械メーカーもより効率的なものを出すよう競争する。その結果、自分たちも生きていけるし山主にも利益が戻る」と返ってきた。印象的だったのは、生産性を上げることに疲弊しているのではなく、しっかりマネジメントができているせいか、自分の仕事に自信を持ち、充実感が溢れているように感じられたことだ。これは、他の林業現場にも共通して感じたことである。

また、補助金といった点では、木質バイオマス熱供給の現場で聞いた内容も印象的であった。システム導入へのコストがなぜ抑えられているかの質問に対して「燃焼機器や熱供給システムにはEUや国から補助金が出ている。ただし、補助の対象となるシステムは、高いエネルギー効率のものに限られており、そのハードルは高い。このため、ボイラーメーカー等は、より良いものを開発しようと努力する。結局良いものが生き残り、これが量産され普及する。これで1台当たりの価格は安くなる」。なるほど、やはりここでも健全な競争や業界の自助努力を促しつつ、良いものが生き残るための仕組みに仕立てている。

補助金のあり方や支援のルール等、それを変えただけでイノベーションが創出されるものではないと思うが、それでも、それによって現場での高い経営意識を促している状況を見聞きするにつけ、日本なり長野県での行政支援のあり方がこれで良いのかどうか、しっかり評価しなければならないと考えさせられた。

さらに、林業現場でも製材工場等でも、現場の皆さんが表情豊かに様々な技術やコストの情報をオープンに語っていた。イノベーションを生み出すための技術やアイデア等については、川上から川下までのあらゆる関連業界の連携の中で、情報の共有化が図られているのではないかと感じられた。

いずれの現場も、先進的な事例を選んで訪ねているからかもしれないが、総じて、ネガティブな意見を聞くことはほとんどなかった。この傾向は、大型製材工場に押されて、ニッチなニーズの中で生き残りを賭けている中小規模の工場においても同様であった。こうした点において、日本では、少なからず「補助金が足りない」「採算が合わない」「景気が悪い」「条件が悪い」「政策が悪い」等の「できない」理由やネガティブな意見に頻繁に遭遇する。

オーストリアでは、「俺たちの国って、こんなに良い所なんだよ」「この技術でちょっとした儲けになるんだよ」「こうすることで小規模ながらも何とか生き残れるのさ」「出身地の田舎が住みやすくて快適だから、ウィーンから帰って農林業を継いだ。ペンションも経営していて、人生充実しているよ」など、ポジティブなコメントに出会うことが多かった。

世界幸福度ランキングのところで述べた「国民性」なるものに起因するのかもしれないが、オーストリアでは、未来に向かったポジティブ思考が新たなイノベーションの原動力になっているようにも見える。情緒的であり科学的な根拠はないが、業界の中でなおも様々な課題を抱えているにもかかわらず、こうした前向きな思考はどこから湧いてくるのか。今のところ両国のその違いの答えこそが、今後の我が国の林業・木材産業の構造改革の扉を開く鍵になるのではないかと、個人的には思えてならない。あえての精神論だが、新たな時代を動かすイノベーションには、新たな技術や知識だけでなく、何よりも関わる人々の熱い「本気度」が求められるからだ。

1：OECD(2018年) 生物多様性：脅威種,OECD環境統計（データベース)、https://doi.org/10.1787/data-00605-en,取得2018年8月18日
2：SUSTAINABLE FOREST MANAGEMENT IN AUSTRIA Forest Report 2015. Federal Minister of Agriculture, Forestry, Environment and Water Management
3：伊那市（2018）50年の森林ビジョンゾーニング，伊那市50年の森林ビジョン推進委員会，2018年3月

至論としての地域林業――おわりに代えて

日本の農林漁業は、日本経済の中での地位の低下によって、久しく斜陽産業の筆頭格のように思われてきた。いわゆる3Kの職種（キツイ・キタナイ・キケン）といわれ続け、これら産業の労働市場は相対的に小さくなってきた。そのため日本には森林・林業を教える大学は30近くあり、そこには自然が好きで飛び込んでくる学生が多く入学し、年間2,000人程度が卒業するものの、結果的に別の業種に就職する卒業生も多い。

オーストリアはどうかというと、林業を教えている大学はウィーンに一つしかない。しかもそこで5年間の高等教育学位を取得して卒業する人は年間30人足らずだ。この国でも仕事探しは同じく大変で、就職先がなかなか決まらない学生も多くいる。それでもオーストリアの林業は日本と比べてとても元気が良いし、重要な国家基幹産業の一つである。素材生産・製材・紙パルプ・家具産業によるGDPシェアは1.5%前後を占め、製材輸出量は日本をはるかにしのいで世界トップクラスであり、日本にも木材は輸出されている。それでも木材の収穫量はまだ成長量以下であり、資源的持続性の問題は発生していない。

今でこそオーストリアは日本がモデルにしたい森づくりを実践しているが、実は森林の乱伐はエネルギー資源が枯渇していた1800年代や第二次世界大戦後まで続き、森林の疲弊は深刻な問題であった。森林が破壊され国土が荒れると、洪水や土砂崩れ、土石流などの災害が頻発し、結局人々の生活に危険がふりかかる。オーストリアの森林は、中世から続く人の手による開発と国土保全のはざまに置かれ続けてきたのである。したがってオーストリアには人の手の入っていない原始の姿をとどめている森はもうほとんど残っていない。この国が現在進めている林業政策はこのような数々の過去の痛い教訓の上に出来上がっている。

こうした歴史を踏まえ、オーストリアは世界でも特に厳しい森林法を早くから制定し、専門職である弁護士や医師のように森林官や林務官を法に基づいた国家資格として定め、森林事業体に配置するに至った。その背景には、森林による国土の保全が人々の安全な生活を保障するための大前提であるという社会認識が醸成されたからであろう。

森林専門職が一生のうちで森づくりに関わることができる勤務年限は、せいぜい40～50年である。100年から200年以上かけて育てるドイツトウヒ、ブナ、ナラなどの施業期間よりもはるかに短い。そのため、森づくりは必然的に世代をまたいだ長い時間軸でビジョンを作っていく作業となる。そこには世代が共有する実践哲学が存在しなければならない。

今のオーストリアの林業がそれなりに成果を上げているのは、彼らが失敗から学び、積極的に改善し、長期的な対策を実行しているからだと思う。数世代かけて行う森づくりを実践するためには専門知識や現場経験、森林の歴史的背景や成り立ちの情報に基づいた現状分析力、目標林分構造の設定とそれを達成するための道筋を見出す思考力、それを実現させるための決断力が必要になるだろう。彼らは持続可能な森林経営のためのブレない実践哲学を構築してきたのである。

そして今や、オーストリアでは環境に配慮した森づくりの成果も出始め、地域社会が森林や木材を通じて連携・協働する枠組みもあちこちで生まれ、新たな農山村ビジネスモデルも登場してきている。1970年代から国を挙げて追求してきた「持続可能な森林経営」が、発展期を迎えつつあるといっても過言ではない。

本書では、林業先進国オーストリアにおける小規模林業と地域に根差す林産業の実態、森林資源活用の仕組みを見てきた。自然環境、歴史、社会構造等には大きな違いがあることから、同一目線で論じることはできないが、こうしたオーストリアの事例から、われわれは地域性を生かした林業――「地域林業」――の発展に活かすべく様々なヒントを得ることができる。個別事例からの学びはそれぞれの読者に任せるとして、ここでは「はじめに」で述べたいくつかの課題を踏まえ、地域林業の重要な論点について編者なりにまとめてみたい。

まず、森林の経済的・環境的・社会的機能を三位一体として、その仕組みをどう構築すべきかという課題があろう。それは地域内経済の自立的循環システムの構築の問題と結びつく。われわれが生きる上で必要とする基本物資（特に衣・食・住・健康に関わる物資、生活必需品）は、海外に依存するのではなく、良質で安全なモノを、可能な限り自らの手で、安定的に供給することが基本である。そしてこれら基本物資は自然環境を守り、命と暮らしを肌で感じる住民の生活領域で生み出されるべきである。そうした地域づくりが、今求められているのではないか。

オーストリア森林法は明確に「森林が経済・生態・社会に寄与・発展」することをうたい、国はこれらを実践すべく様々有益なツールや仕組みを整備している。そして路網や機械化等による林業の基盤整備はもとより、皆伐規模の制限、天然更新の推進と漸伐作業や択伐作業の採用等の環境保全に配慮した施業が実践されている(第2章、第3章)。小規模林家はこうしたツールや施業方法を活用し、高い効率性と経済性、安全性を確保して、経済的で質の高い財貨やサービスを創出する森林経営を展開している。それを地域の経済戦略として、また技術支援として手厚く保証しているのが、州や地域の農林会議所や森林組合等の組織である(第4章)。彼らの支援・援助はまさに地域循環型の木材利用を推進することを優先し、こだわりの良質材生産(規格外注文の受注、天然乾燥等)、広葉樹の利用、ニッチ林業(地域限定樹種や大径材の利用等)、バイオマスエネルギー供給も含め、地元林産業との協働によるカスケード利用の仕組みを作り上げ、ほぼ完全な形でサプライチェーンの中に組み込んでいる。かつて、林業と林産業は厳しい時期を共有し、それまでの対立構造から融和路線を築き、垂直的産業間連携を強化した。そこにオーストリア林業の強みと農山村社会のエネルギーの源泉を見てとれる。

さらにグローバル市場経済下での森林の多面的機能、特に公益性に関する機能の保証と仕組みをどう組み立てるべきかという課題がある。

国連ミレニアム生態系評価(2001～2005年)において、生態系サービスとは基盤サービス、調整サービス、文化的サービス、供給サービスの4つを指している。このうち供給サービスのみが自然資源を「獲得(自然から切り離し)」することによって得られるサービスであり、他の3つは自然資源が「そこに存在」することによって得られるサービスである。林業で見ると経済的生業として林産物獲得が第一義的な目的となる場合が多い。その際、同時に森林生態系の公益的機能を確保するという二律背反的な問題に直面する。国土保全と密接に関わる森林の多面的機能の保証は、この両者の繊細なバランスの上に成り立つ高度な知識と技術に支えられる。

四大保全、すなわち水土保全(水資源や土壌の保全)、生物多様性の保全、大気質・気候保全、地域景観の保全は、森林・林業に直接関係し、今や世界の最重要課題となっている。これらを私的経済活動によって侵害されないためには、行政による制度規制とその実践に対する評価・分析手法が備わっていなければならない。

オーストリアの森林計画制度は、経験と科学的知見に基づいた実践哲学、管理・

分析・評価手法を合わせ持ち、四大保全を向上させる仕組みを前提としている。これに対する財政支援は、補助金による公的支出や組織・団体による様々な賦課金で賄われ、山地防災や森林管理認証、さらには地域産業との連携の中に活かされている（第5章、第6章）。こうした視点や考えが国民的森林、地域林業の役割として明確に位置づけられ、市場原理と対等な原理・原則である点で重要な意義を持つ。

そして、こうした生態系サービス、国土管理、森林経営は、多様な地域環境材を持続的に扱う森林ガバナンスの根幹として、幅広い学術的知識と高度な技術が要求されることから、国はその人材育成に強い義務が課せられている（第9章）。いかに森林や林業が国家の土台を成し、価値創造の源泉として最上位に位置づけられているかわかるであろう。

最後に、林業セクターを孤立させないという課題がある。これは異業種との協働による産業間連携、市民との連携の問題である。

オーストリアにおける小規模山林所有者は、主に林産物販売を行うが、それに加えて、少なからぬ林家が素材生産業、農業や畜産、酪農、果樹、園芸等の他の一次産業や、農家レストラン、民泊施設経営、レクリエーション、バイオマスエネルギー生産、観光等と様々な隣接異業種と関わっている。これは共通する生産手段である機械・装備等の有効活用であり、経営資金が比較的大きいが利潤が薄いという林業の不安定性の特質に対して、生産物の多角的利用が経済リスクを分散させ得るためである。

さらに今日では、教育、医療・福祉、製造業、環境産業、芸術等の様々な異業種が林業とコラボレーションするケースが見られ、新たな製品の開発や人間性の回復の場の提供として、人とお金を農山村に呼び込んでいる。

こうした異業種との連携による活動が、不安定な林業を孤立させず、複合便益の創出の結果として林業の再生産過程を維持する動機づけともなっている。

林業を含めた農山村が、都市住民に対して森林の恩恵を提供することと引きかえに、都市から様々なアイデアと人とお金を地方に還流させる仕組みは、オーストリア林業を根底から支える進歩的側面と見て良いだろう。

そういう意味でも森林資源に関連する利害関係者は広範につながってきており、連携と協働、相互理解のプロセスは多岐にわたっている。農林会議所と商工会議所の連携が重要な動力源になっているが、例えばFHP（Forest Holz Papier）は川上から川下までの協力プラットフォームとして、素材生産・木材加工と紙パルプ業界を核として異業種との協力関係を積極的に築いている（第4章)。さらに全国規模の新たな公共ガバナンスのロールモデルとしての「森林対話（Walddialog)」（同章）は、森林に対する国民の幅広い支援によるものである。森林・林業の新たな仕組み作り、提言、イベント、環境教育等と多岐にわたる施策を強力に展開し、これらが森林の保全と林業の国民的理解に通じている。国民意識のアンケート調査（第8章）がそれを物語っている。

ささやかでありふれた日常的なものに文学的価値を見出そうとした、ハプスブルグ時代のオーストリアの作家、アーダルベルト・シュティフター（1805–1868）は森に従事することの意味をこう表現する。
「森はわれわれと共にある。森を守り育てることは、いのちに仕えることである。森が滅びる場所は、そこにあるいのちも滅びるからである」
“Der Wald ist unser Schicksal! Ihn schützen und pflegen heißt: dem Leben dienen. Das Leben stirbt, wo der Wald stirbt.”
少なくともわれわれは、この言葉を先人たちが過去から紡ぎ出した一つの叡智として、森に関わる者たちの仕事の誇りの拠り所にしても良いのではなかろうか。

＊　＊　＊　＊　＊

本著にまとめた内容には延べで300人近くの人々が関わった軌跡も含まれている。様々な人による様々な行動が20年にわたる活動成果として積み上がり、このような本を出版することを可能にした。
末尾となったが、本書を取りまとめるに当たって現地の多くの森林・林業関係者にお世話になった。特に連邦ウィーン農科大学ヘルベルト・ハーガー退官教授、元連邦チロル州イン川上流地方事務所所長イエルク・ホイマーダー氏、オーストリアサスティナビリティ観光省森林局本省部長マルティン・ネーバウアー氏、連邦オシアッハ森林研修所所長ヨハン・ツェッシャー氏、マイヤー・メルンホフ森林技術株式会社元経営工学部長ヨハネス・ロシェック氏、また国内においても信州大学の松田松二名誉教授、新潟大学の丸井英明教授らから多くのアドバイスをいただいた。

また防災植林を行ってきた小林正会長をはじめとする市民団体日墺協会長野のメンバー、オーストリア林業現場研修を10年以上継続して実施している長野県林業大学校、オーストリアの森林バイオマスに関する現地調査・共同研究を行ってきた国立環境研究所の山形与志樹博士と国際応用システム分析研究所（IIASA）のフロリアン・クラクスナー博士、ドイツ語訳と校正を手伝ってくださった青木有希氏に謝辞を述べたい。

また、静岡県森林組合連合会を通してスタンレー電気（株）から現地調査のご支援を、長野県海外林業技術等導入促進協議会から本書の出版にあたり支援をいただいた。心から感謝を申しあげたい。

そして、本書の出版に対してご快諾いただき、さらには遅筆であるにもかかわらず大いなる忍耐と絶大なご協力を賜った築地書館の土井二郎社長および黒田智美氏には適切な感謝の言葉さえ見つからない。改めて深厚の謝意を表したい。

参考文献

「はじめに」と「至論としての地域林業——おわりに代えて」

BMNT. Österreichische Waldstrategie 2020+. 2018 年 , p. 114, https://www.bmlrt.gv.at/dam/jcr:028778f7-fe1a-4ebc-9b84-e41efda73aba/Waldstrategie%202020+%20DE.pdf.

Schmithüsen, F., 2013. Three hundred years of applied sustainability in forestry.

The Montréal Process, 1995. モントリオール・プロセス [WWW Document]. URL https://www.montrealprocess.org/

von Carlowitz, Hans Carl. Sylvicultura Oeconomica. Wikimedia Commons, 1713 年 , https://upload.wikimedia.org/wikipedia/commons/0/06/Sylvicultura_oeconomica.pdf.

WCED. Report of the World Commission on Environment and Development: Our Common Future. World Commission on Environment and Development, 1987 年 , https://sustainabledevelopment.un.org/content/documents/5987our-common-future.pdf.

長谷川秀男（2001） 地域経済論—パラダイムの転換と中小企業・地場産業—, 日本経済　　評論社, pp.259.

林直道（2007） 強奪の資本主義—戦後日本資本主義の軌跡—, 新日本出版社, pp.235.

保母武彦（1996） 内発的発展論と日本の農山村, 岩波書店, pp.271.

マンダー・ジェリー,ゴールドスミス・エドワード編（2000） グローバル経済が世界を破壊する（小南祐一郎,塚本しづ香訳）, 朝日新聞社, pp.259.

宮本憲一・山田明編（1982） 公共事業と現代資本主義, 垣内出版, pp.294.

中村尚司（1993） 地域自立の経済学, 日本評論社, pp.204.

小田切徳美（2009） 農山村再生 「限界集落」問題を超えて, 岩波書店, pp.63.

大江正章（2008） 地域の力—食・農・まちづくり, 岩波書店, pp.199.

岡田知弘（2005） 地域づくりの経済学入門, 自治体研究社, pp.280.

岡田知弘, 川瀬光義, 鈴木誠, 富樫幸一（2007） 国際化時代の地域経済学, pp.323.

大野晃（2008） 限界集落と地域再生, 信濃毎日新聞社, pp.313.

佐藤宣子, 興梠克久, 家中茂（2014） 林業新時代, —「自伐」がひらく農林家の未来, 農山漁村文化協会, pp.292.

志子田徹（2018） ルポ　地域再生　なぜヨーロッパのまちは元気なのか?, イースト・プレス, pp.255.

寺西俊一, 西村幸夫編（2006） 地域再生の環境学　淡路剛久監修, 東京大学出版会, pp.323.

寺西俊一, 石田信隆編著（2018） 輝く農山村—オーストラリアに学ぶ地域再生, 中央経済社, pp.201.

宇沢弘文, 関良基編（2015） 社会的共通資本としての森, 東京大学出版会, pp.331.

山田良治（1992） 開発利益の経済学—土地資本論と社会資本論の統合—, 日本経済評論社, pp.240.

山田良治（2010） 私的空間と公共性 『資本論』から現代をみる, 日本経済評論社, pp.183.

第 1 章　オーストリアという国

Auer, I., Böhm, R., Schöner, W., 2001. Austrian Long-Term Climate 1767-2000 Multiple Instrumental Climate Time Series from Central Europe (No. 397), Österreichische Beiträge zu Meteorologie und Geophysik. Zentralanstalt für Meteorologie und Geodynamik, Wien, ISSN 1016-6254.

Austrian National Tourist Office, 2020. Austria's History [WWW Document]. URL https://www.austria.info/

en/service-and-facts/about-austria/history (accessed 6.7.20).
BMLFUW, 2015. Austrian Forest Report 2015 - Sustainable Forest Management in Austria. Republik Österreich, Bundesministerium für Land- und Forstwirtschaft, Umwelt und Wasserwirtschaft.
BMLRT, 2018. Flüsse und Seen- Wie viele Flüsse und Seen gibt es in Österreich? [WWW Document]. URL https://www.bmlrt.gv.at/wasser/wasser-oesterreich/zahlen/fluesse_seen_zahlen.html (accessed 6.7.20).
Embassy of Austria, 2020. About Austria Facts & Figures [WWW Document]. Austrian Press & Information Service in the United States. . URL https://www.austria.org/overview (accessed 6.7.20).
EURAC, 2020. Maps of the Alps.
Flindt, R., 2003. Biologie in Zahlen: Eine Datensammlung in Tabellen mit über 10000 Einzelwerten, 6. Aufl. edition. ed. Spektrum Akademischer Verlag, Berlin.
Kottek, M., Grieser, J., Beck, C., Rudolf, B., Rubel, F., 2006. World Map of the Köppen-Geiger climate classification updated. metz 15, 259–263. https://doi.org/10.1127/0941-2948/2006/0130
Niklfeld, H., Schratt-Ehrendorfer, L., 1999. Rote Liste gefährdeter Farn- und Blütenpflanzen (Pteridophyta und Spermatophyta) Österreichs. 2. Fassung.
ÖBF, 2016. Facts and Figures - Sustainability report for the 2016 financial year of Österreichischen Bundesforste.
OECD, 2020. Biodiversity: Threatened species, OECD Environment Statistics (database) [WWW Document]. OECD iLibrary. URL https://doi.org/10.1787/env-data-en (accessed 6.7.20).
Statistik Austria, 2018. Österreich. Zahlen. Daten. Fakten. Statistik Austria.
Umweltbundesamt GmbH, 2020a. Bestandsrückgänge, Arteneinbußen und Ausrottung von Pflanzen [WWW Document]. www.umweltbundesamt.at. URL https://www.umweltbundesamt.at/umweltsituation/naturschutz/artenschutz/rl_pflanzen/?zg= (accessed 6.7.20).
Umweltbundesamt GmbH, 2020b. Gefährdung der österreichischen Fauna [WWW Document]. www.umweltbundesamt.at. URL https://www.umweltbundesamt.at/artenschutz/rl_tiere/ (accessed 6.7.20).
UNDP, 2016. Human Development Report 2016 - Human Development for Everyone.
Waldverband Österreich, Ländliches Fortbildungsinstitut, 2018. Borkenkäfer - Vorbeugung und Bekämpfung. Waldverband Österreich & Ländliches Fortbildungsinstitut.
ZAMG, 2020. Forschung [WWW Document]. Zentralanstalt für Meteorologie und Geodynamik - ZAMG. URL https://www.zamg.ac.at/cms/de/forschung (accessed 6.7.20).
オーストリア大使館商務部 , 2013. オーストリアの森林教育・森林技術者の育成と支援 , 第 1 版 , p 67,.
オーストリア情報総合 , 2020. オーストリアの特徴!どんな国? [WWW Document]. オーストリア情報総合 . URL https://austria.europa-japan.com/sitemap.html
在日オーストリア大使館 , 2018. 二国間関係 [WWW Document]. URL https://www.bmeia.gv.at/ja/oeb-tokio/oesterreich-in-japan/ (accessed 6.7.20).
外務省 , 2018. オーストリア共和国 [WWW Document]. URL https://www.mofa.go.jp/mofaj/area/austria/index.html (accessed 6.6.20).
松井健 , 1964. 古土壌学の動向と課題 . 第四紀研究 3, 223–247. https://doi.org/10.4116/jaqua.3.223
気象庁 , 2018. 世界の天候 [WWW Document]. URL http://www.data.jma.go.jp/gmd/cpd/monitor/index.html (accessed 6.7.20).
総務省統計局 , 2018. 世界の統計 2018.
自治体国際化協会 , 2005. オーストリアの地方自治 (概要版).
都城秋穂 , 1992. 変成作用を支配する要因の一つとしての時間の重要さの発見 . 地質ニュース 4–11.

第 2 章　持続可能な森林経営を支える制度設計

Starsich, A., 2009. Praxisplan Waldwirtschaft ein forstliches Gratistool im AgrarGIS.

BFW, 2020. Österreichische Waldinventur [WWW Document]. URL http://bfw.ac.at/rz/wi.home (accessed 6.7.20).

日本経済調査協議会 , 2011. 欧州における林業経営の実態把握報告書 .

AdvantageAustria, 2018. オーストリア法制度の基礎 [WWW Document]. URL advantageaustria.org/international/zentral/business-guide-oesterreich/zahlen-und-fakten/auf-einenblick/ rechtssystem.ja.html

BMLFUW, 2005. Waldfachplan (WAF) - Ein flexibles Planungsinstrument auf betrieblicher und regionaler Ebene 96.

BMNT, 2019. Holzeinschlagsmeldung über das Kalenderjahr 2018.

BMLRT, 2019a. Leitfunktionen des Waldentwicklungsplanes [WWW Document]. URL https://www.bmlrt.gv.at/forst/oesterreich-wald/raumplanung/waldentwicklungsplan/Leitfunktionen_WEP.html (accessed 6.7.20).

BMLRT, 2019b. Waldentwicklungsplan (WEP) [WWW Document]. URL https://www.bmlrt.gv.at/forst/oesterreich-wald/raumplanung/waldentwicklungsplan/WEP.html (accessed 6.7.20).

BMLRT, 2019c. Waldfachplan [WWW Document]. URL https://www.bmlrt.gv.at/forst/oesterreich-wald/raumplanung/waldfachplan/ (accessed 6.7.20).

BMLRT, 2020. WEP AUSTRIA - DIGITAL [WWW Document]. URL https://www.waldentwicklungsplan.at/map/?b=09X9&layer=ERIWGg&zoom=7 (accessed 6.7.20).

BMLRT, 2018a. Grüner Bericht 2017 [WWW Document]. Grüner Bericht Österreich. URL https://gruenerbericht.at/cm4/jdownload/send/2-gr-bericht-terreich/1773-gb2017 (accessed 6.7.20).

BMLRT, 2018b. Grüner Bericht 2018 [WWW Document]. Grüner Bericht Österreich. URL https://gruenerbericht.at/cm4/jdownload/download/2-gr-bericht-terreich/1899-gb2018 (accessed 6.7.20).

FHP, 2020. Forst Holz Papier [WWW Document]. URL https://www.forstholzpapier.at/ (accessed 6.7.20).

Schadauer, K., Gschwantner, T., Gabler, K., 2005. Austrian National Forest Inventory: Caught in the Past and Heading Toward the Future. Proceedings of the Seventh Annual Forest Inventory and Analysis Symposium p47–53.

Landwirtschaftskammer Österreich, Ländliches Fortbildungsinstitut Österreich, 2013. Waldbau in Österreich auf ökologischer Grundlage. pp248.

Findeis, V., 2016. An Overview of Forest Management in Austria. Nova meh. šumar 37: 69–75.

Ministerium fur ein Lebenswertes Österreich (2017). Data, Facts and Figures 2016.

Kaiserthum Öesterreich. 1852. Forstgesez, 250. Kaiserliches Patent von 3. December 1852. Allgemeines Reichs-Gesetz-und Regierungsblatt für das Kaiserthum Österreich. p.1053-1081. http://alex.onb.ac.at/cgi-content/alex-iv.pl?aid=rgb.

Johann, E., 2013. 160 Jahre österreichisches Forstgesetz.

Bundesamt für Eich- und Vermessungswesen, 2017. 200 Jahre Kataster Österreichisches Kulturgut 1817 - 2017. 399pp.

Weigl, N., 2001. Die Frage Naturnahe in der Österreich Forstwirtschaft im 20. Jahrhundert - Betrachtungen eines Forsthistorikers, in: Faszination Der Forstgeschichte : Festschrift Für Herbert Killian, Schriftenreihe Des Instituts Für Sozioökonomik Der Forst- Und Holzwirtschaft. Eigenverl. d. Inst. für Sozioökonomik d. Forst- u. Holzwirtschaft. Wien, p. 162.

Weigl, N., 1997. Österreichs Forstwirtschaft in der Zwischenkriegszeit 1918-1938 (Dissertation). Universität für Bodenkultur.

大塚幸寛 , 2005. オーストリア連邦森林法における危険区域制度について . 砂防と治水 38, 67–72.

奥正嗣, 2017. オーストリア共和国における連邦制—連邦国家における権限配分を中心として—(1). 国際研究論叢, 大阪国際大学紀要 30, 109–128.

山縣光晶, 古井戸宏通, 2008. オーストリア・チロル州森林法 全訳（下）（資料と解題）. 林業経済 60, 18–30. https://doi.org/10.19013/rinrin.60.10_18

山縣光晶, 古井戸宏通, 2007. オーストリア・チロル州森林法 全訳（上）（資料と解題）. 林業経済 60, 17–30. https://doi.org/10.19013/rinrin.60.9_17

武永淳, 1998. オ-ストリア共和国連邦憲法. 彦根論叢 123–143.

石井寛, 吉川千穂, 2008a. 前部オーストリアの1786年森林・木材条例 全訳（上）（解題と資料）. 林業経済 61, 16–29. https://doi.org/10.19013/rinrin.61.5_16

石井寛, 吉川千穂, 2008b. 前部オーストリアの1786年森林・木材条例 全訳（下）（解題と資料）. 林業経済 61, 12–24. https://doi.org/10.19013/rinrin.61.6_12

竹内秀行, 1998. ビッターリッヒ法を活用した収穫調査の可能性. 森林応用研究 7, 159–160. https://doi.org/10.20660/applfor.7.0_159

Kilian, W., Muller, F., Starlinger, F., 1994. Die forstlichen Wuchsgebiete Österreichs. Forstliche Bundesversuchsanstalt 82, 60.

Grabherr, G., 1998. Hemerobie Österreichischer Waldökosysteme, Zeitschrift für Ökologie und Naturschutz. Österreichische Akademie der Wissenschaften.

BMLRT. Österreichisches Programm LE 14-20 – Programmtext nach 5. Programmänderung (Version 6.1). Published 2019. Accessed June 20, 2020. https://www.bmlrt.gv.at/land/laendl_entwicklung/leprogramm.html

BMNT, 2018. Sonderrichtlinie der Bundesministerin für Nachhaltigkeit und Tourismus zur Förderung der Land- und Forstwirtschaft aus Nationalen Mitteln, GZ BMLFUW-LE.1.1.12/0066-II/8/2015.

林野庁, 2010. 平成22年度 森林・林業白書.

第3章　林業・林産業の基本構造と実態

相川高信, 2008. グローバリゼーションの受容による地域林業再生. 季刊「政策・経営研究」, 三菱UFJリサーチ&コンサルティング 3, 131–150.

相川高信（2010）　先進国林業の法則を探る—日本林業成長へのマネジメント, 全国林業改良普及会, pp.210.

Nemestothy, K., 2017a. Interessenvertretung der Land- & Forstwirtschaft in Österreich.

Nemestothy, K., 2017b. Der Holzmarkt in Österreich -Mengen, Qualitäten und Preise.

浜田久美子（2017）スイス林業と日本の森林　近自然づくり, 築地書館, pp.221.

ホイマーダー・ユルグ（2005）オーストリアのチロル州における荒廃渓流の保全, 砂防学会（Vol.57, No.6）, pp.76-79.

石井實, 神沼公三郎編著（2005）　ヨーロッパの森林管理—国を超えて自立する地域へ—、日本林業調査会, pp.333.

Kooperationsabkommen, 2016. Durchforstung.

久保山裕史, 2013. オーストリアの林業・林産業における近年の変化—日本との比較を通じて—. 森林科学 68, 9–12. https://doi.org/10.11519/jjsk.68.0_9

Landwirtschaftskammer Oberösterreich, 2012. Verjüngungsmethoden. p.12.

Landwirtschaftskammer Oberösterreich. 2016. Plenterwaldbewirtschaftung. p. 28.

Landwirtschaftskammer Österreich, 2013. Standortsgerechte Verjüngung des Waldes. p.27.

Landwirtschaftskammer Österreich, 2014. Wertastung: Der Weg zum Qualitätsholz. p.20.

Moser, M., 2015. Das große kleine Buch: Das Geheimnis der Zirbe: Gesund im Schlaf, 2. Aufl. ed. Servus, Salzburg.p.64. ISBN; 978-3-7104-0025-4

メーラー・A（1984）　恒続林思想（山畑一善訳）, 都市文化社, pp.211.

21世紀政策研究所, 2015. 森林大国日本の活路：21世紀政策研究所研究プロジェクト. 東京..

西川力（2016） ヨーロッパ・バイオマス産業リポート なぜオーストラリアは森でエネルギー自給できるのか，築地書館，pp157
岡裕泰，石崎涼子編著（2015）森林経営をめぐる組織イノベーション―諸外国の動きと日本―，広報ブレイス，pp.331.
Österreichische Forstverein, FHP, 2012. Raidiner Deklaration des waldbasierten Sektors in Österreich zu “Multifunktionale Waldbewirtschaftung und neue großflächige Außer-Nutzung-Stellungen.” http://www.forstverein.at/de/view/files/download/forceDownload/?tool=12&feld=download&sprach_connect=182
林野庁 , 2009. 諸外国における森林・林業の長期見通しに関する調査研究報告書
志賀和人編著（2018）森林管理の公共的制御と制度変化 スイス・日本の公有林管理と地域，日本林業調査会，pp.527.
Schober R. Ertragstafeln wichtiger Baumarten bei verschiedener Durchforstung. Sauerländer; 1975. 154pp.
小林洋司 , 1997. 森林基盤整備計画論 : 林道網計画の実際 . 日本林道協会 . 205pp.
林野庁 , 2009. 平成 21 年度 森林・林業白書（平成 22 年 4 月 27 日公表）.
酒井秀夫 , 吉田美佳 , 2018. オーストリア共和国 , 世界の林道 上巻 . 全国林業改良普及協会 , p. 92-108. ISBN: 978-4-88138-362-9.
Weinfurter P. Chronik 1925-2005: 80 Jahre Bundesforste Geschichte der Österreichischen Bundesforste. Österreichische Bundesforste; 2008 p. 211.
Lignovisionen. 2005. Holzwirtschaft Österreichs - ein Rückblick auf die letzten 60 Jahre. Schriftenreihe des Institutes für Holzforschung am Department für Materialwissenschaften und Prozesstechnik, Universität für Bodenkultur Wien. vol. 6. 196 p.

第 4 章　中小規模林家と地域の林業を支える組織体制

服部良久 , 2002. 中・近世ティロル農村社会における紛争・紛争解決と共同体 . 京都大學文學部研究紀要 41, 1–149.
Landwirtschaftskammer Österreich, 2017. Austrian Chamber of Agriculture.
Landwirtschaftskammer Österreich, 2019. Vielfalt schafft Mehrwert -Österreichs Land- und Forstwirtschaft – Daten und Fakten 2017/18 (LK Österreich-Jahresbericht). 75pp.
BMLFUW, 2017. Holzeinschlagsmeldung über das Kalenderjahr 2016.
Waldverband Tirol, 2018. Tiroler Wertholzsubmission 2017.
Handlos, M., 2016. Waldverband Steiermark
proHolz Tirol, 2012. Die Zukunft wächst auf Den Bäumen - Zahlen, Daten, Fakten rund um Wald und Holz. 54pp.
Statistik Austria, 2020. Land- und Forstwirtschaft [WWW Document]. URL https://www.statistik.at/web_de/statistiken/wirtschaft/land_und_forstwirtschaft/index.html (accessed 6.7.20).
Landwirtschaftskammer Österreich, www.lko.at
Österreichischer Raiffeisenverband, www.raiffeisenverband.at
Mannsberger, G., 2003. Der Walddialog – ein neues Instrument der nationalen und internationalen Waldpolitik. 2003/3. 5pp.
BMNT, 2018. Köstinger: Walddialog ist Erfolgsmodell zur Umsetzung der Waldstrategie 2020+. URL https://www.bmnt.gv.at/service/presse/forst/2018/Koestinger--Walddialog-ist-Erfolgsmodell-zur-Umsetzung-der-Waldstrategie-2020-.html

第 5 章　地域における異業種連携と森林の多面的価値の創出

Naturpark Kaunergrat, https://www.kaunergrat.at/
Soukup, S., Maier, R., Hübl, E., 2009. Grünräume im Stadtgebiet von Wien, dargestellt anhand eines Transek-

tes vom Wienerwald zur Donau. Verh. Zool.-Bot. Ges. Österreich 146, 27–59.
Stadt Wien MA 49 Forst- und Landwirtschaftsbetrieb, https://www.wien.gv.at/kontakte/ma49/index.html
Stadt Wien MA 31 Wiener Wasser, https://www.wien.gv.at/wienwasser/
BMNT. 2018. Wildschadensbericht 2017 Bericht der Bundesministerin für Nachhaltigkeit und Tourismus Gemäss § 16 Abs. 6 Forstgesetz 1975.
Statistik Austria, 2017. Jagdgebiete, Jagdschutzorgane und Jagdkarten 2015/16 in Österreich.
Jagd Österreich, 2017. Wirtschaftsleistung der Jagd nähert sich der Milliardengrenze.
Landesjagdverband Oberösterreich, n.d. Wie viele Jäger gibt es überhaupt in Österreich? [WWW Document]. URL https://www.fragen-zur-jagd.at/aus-dem-jagdleben/fragen-zur-jagd/wie-viele-jaeger-gibt-es-ueberhaupt-in-oesterreich/
Forst und Jagd Dialog Mariazeller Erklärung, 2012. Mariazeller Erklärung der Repräsentanten der Jagdverbände und der Forstwirtschaft in Österreich am 1. August 2012.
頼順子 , 2005. 中世後期の戦士的領主階級と狩猟術の書 . パブリック・ヒストリー . Vol.2: 127–148. https://doi.org/info:doi/10.18910/66427

第 6 章　国土を自然災害から守るための森林

Aigner, H., 2013. Der Gefahrenzonenplan des Forsttechnischen Dienstes für Wildbach- und Lawinenverbauung (Berichte Geol. B.-A., 100). NÖ GEOTAGE – 19. & 20. 9. 2013 in Rabenstein an der Pielach.
Fink T. 2019. Austrian Service for Torrent and Avalanche Control. http://www.fao.org/forestry/48734-0df-4d27e8678b52aa0318374c61690744.pdf
BMLFUW, 2015. TECHNISCHE RICHTLINIE FÜR DIE WILDBACH- UND LAWINENVERBAUUNG. GEMÄß § 3 ABS. 1 Z 1 UND ABS. 2 DES WASSERBAUTENFÖRDERUNGSG 1985 IDF. BGBL. I NR. 98/2013 VOM 18.06.2013, ERLASSEN MIT ZL. LE.3.3.5/0004-IV/5/2006. ÜBERARBEITETE FASSUNG, ERLASSEN MIT ZL. BMLFUW-LE.3.3.5/0246-III/5/2014 VOM 25.03.2015.
BMLFUW, 2014. LEITFADEN HOCHWASSER-RÜCKHALTEBECKEN - Grundsätze für Planung, Bau und Betrieb bei der Wildbach- und Lawinenverbauung Österreichs.
Lebensministerium, 2005. Richtlinien für die Wirtschaftlichkeitsuntersuchung und Priorisierung von Maßnahmen der Wildbach- und Lawinenverbauung gemäß § 3 Abs. 2 Z 3 Wasserbautenförderungsgesetz 1985.
Perzl, F., 2015. Der Objektschutzwald - Bedeutung und Herausforderung.
丸井英明 , 2016. オーストリアの治山技術の歴史—その変遷と日本への影響 . フォレストコンサル 146, 9–23.
丸井英明 , 2014. 最終講義「天変地異と人為の狭間」- 土砂災害軽減に向けた営為 - 新潟大学　災害・復興科学研究所 . p 32.
丸井英明 , 1993. 特集・土砂災害対策 オーストリア, スイスにおける砂防 . 河川 No.562, Page.55-65.

第7章　木質バイオマスエネルギーによる熱供給システムの普及

BiomasseVerband, 2019. Basisdaten 2019: Bioenergie Österreich. https://www.biomasseverband.at/wp-content/uploads/Basisdaten_Bioenergie_2019.pdf
BMLRT, 2019. Energie in Österreich: Zahlen, Daten, Fakten. BMLRT. https://www.bmlrt.gv.at/service/publikationen/energie/energie-in-oesterreich-2019.html
LFI, 2015. 4. Kapitel: Energiezukunft Erneuerbare Energie - Biogene Energieträger, in: BIOEE Bildungsoffensive Energiezukunft Erneuerbare Energie, Skriptum. p. 251. https://www.biomasseverband.at/wp-content/uploads/4_Kapitel_Energiezukunft_erneuerbare_Energie.pdf
山形与志樹 , Kraxner, F., 2008. バイオエネルギー利用につながる森林管理 – オーストリアにおける経験から . 木質エネルギー 2-5.
Yamagata, Y.; Kraxner, F.; Aoki, K. 2011. Forest Biomass for Regional Energy Supply in Austria. In Designing Our Future: Perspectives on Bioproduction, Ecosystems and Humanity; United Nations University Press: Tokyo, Japan. p 425. ISBN: 978-92-808-1183-4

第 8 章　森林管理認証制度の重要性

AUSTROPAPIER, 2015. Vergleich PEFC und FSC in Österreich.
FAO, 2015. Global Forest Resources Assessments 2015 - How are the world's forests changing?
Forest Stewardship Council - Japan, 2020. FSC ジャパン [WWW Document]. URL https://jp.fsc.org:443/jp-jp (accessed 6.6.20).
FSC, 2018. FSC Facts & Figures.
PEFC, 2017. PEFC Global Statistics：SFM & CoC Certification.
PEFC Austria, 2017. Jahresbericht 2017 - Nachhaltige Waldbewirtschaftung und Holzverarbeitung. Für den Wald von morgen.
外務省 , 2019. リヒテンシュタイン公国 [WWW Document]. URL https://www.mofa.go.jp/mofaj/area/liechtenstein/index.html (accessed 6.6.20).
根本昌彦 , 2013. SGEC 森林認証制度の国際化を考える (4) オーストリアにおける地域認証制度 . 森林組合 24–27.
緑の循環認証会議 , 2020. 森林認証 SGEC/PEFC ジャパン [WWW Document]. URL https://sgec-pefcj.jp/ (accessed 6.6.20).

第 9 章　現場実務に根ざした森林専門教育

外務省 , 2017. 諸外国・地域の学校情報（国・地域の詳細情報）: オーストリア [WWW Document]. URL https://www.mofa.go.jp/mofaj/toko/world_school/05europe/infoC51200.html (accessed 6.21.20).
WIP ジャパン , 2015. 第4章 オーストリアにおける教育と職業･雇用の連結 . 内閣府 平成 26 年度委託調査 : 教育と職業･雇用の連結に係る仕組みに関する国際比較についての調査研究 . p.29.
田中達也 , 2011. オーストリアの教員養成 ―総合大学と教育大学との比較を中心に―. 佛教大学教育学部学会紀要 101–118.
田中達也 , 2009. オーストリア連邦共和国の教育制度の概要 ― 2008 年 3 月のインタビューの結果を踏まえて― . 佛教大学教育学部学会紀要 .
遠藤孝夫 , 1988. L・v・シュタインの教育行政理論の特質とその歴史的背景 ―三月革命後オーストリアの公教育体制の歴史的展開 に注目して― . 教育学研究 55, 123–132.
IBW, 2016. Lehrlingsausbildung im Überblick 2016 Strukturdaten, Trends und Perspektiven (No. 188). Institut für Bildungsforschung der Wirtschaft.
相川高信 , 柿澤宏昭 , 2015. 先進諸国におけるフォレスター育成および資格制度の現状と近年の変化の方向 . 林業経済研究 61, 96–107. https://doi.org/10.20818/jfe.61.1_96
オーストリア大使館商務部 , 2013. オーストリアの森林教育 : 森林技術者の育成と支援 .67pp.
BMLRT, 2018a. Aus- und Weiterbildung [WWW Document]. URL https://www.bmlrt.gv.at/forst/forst-bbf/aus-weiterbildung.html (accessed 6.21.20).
BFW, 2018. Forstliche Ausbildungsstätten des BFW [WWW Document]. URL https://bfw.ac.at/rz/bfwcms.web?dok=3795 (accessed 6.21.20).
Landwirtschaftliche Landeslehranstalt Rotholz, n.d. Fachschule für Erwachsene - Waldaufseherkurs [WWW Document]. URL https://lla-rotholz.weebly.com/meisterausbildung.html
BOKU, 2015. Schüler-, Hörer- und Absolventenzahlen der forst- und holzwirtschaftlichen Studienrichtungen an der Universität für Bodenkultur, der HLA für Forstwirtschaft, der Forstfachschule und der forstlichen

Ausbildungsstätten.
AUVA, 2016a. Unfallstatistik 2016 Holzbe- und -verarbeitung. Allgemeine Unfallversicherungsanstalt.
AUVA, 2016b. Unfallstatistik 2016 Forstwirtschaftliche Arbeiten. Allgemeine Unfallversicherungsanstalt.
BMLRT, 2018b. Waldpädagogik in Österreich [WWW Document]. URL https://www.bmlrt.gv.at/forst/forst-bbf/aus-weiterbildung/paedagogik-schule/waldpaedagogik.html (accessed 6.21.20).
Verein Waldpädagogik in Österreich, n.d. Warum Waldpädagogik? [WWW Document]. URL https://www.waldpaedagogik.at/index.php

第 10 章　オーストリアと日本の比較

長野県林務部・信州大学農学部（2014）．オーストリア林業技術導入基本計画
長野県海外林業技術等導入促進協議会（2016）．平成27年度オーストリア森林・林業技術交流調査報告書

索引

【さ行】

【た行】

【な行】

【著者紹介】

青木 健太郎（あおき けんたろう）
編者。2章1・2、5章、6章2・3、7章1〜5、9章執筆。
国際連合食糧農業機関（FAO）自然資源専門官。
信州大学農学部森林科学科卒業後、オーストリア連邦ウィーン農科大学（BOKU）林務官養成課程修了。同大学高等技術者学位（Dipl-Ing）ならびに博士号（Dr. nat. techn.）取得。国際応用システム分析研究所（IIASA）研究員、国際連合工業開発機関（UNIDO）を経て、現在はアジア・ヨーロッパ地域の持続可能な森林管理、気候変動緩和適応策に関する気候ファイナンス事業の立案・実施に従事。持続可能な森林管理と中山間地域の社会システムづくりのための社会貢献をライフワークとする。信州大学地域共同研究センター客員教授（2014〜2017年）。

今井 翔（いまい しょう）
3章5執筆。
長野県林務部森林政策課企画係主任。
筑波大学第二学群生物資源学類卒業後、長野県林務部へ。平成30年度から令和元年度まで、長野県林務部にてオーストリアとの林業技術交流業務を担当。

植木 達人（うえき たつひと）
編者。1章4・5、2章3、3章1・2・6・7、4章3・5執筆。
信州大学学術研究院農学系教授。
北海道大学大学院博士課程修了（農学博士）後、北海道大学附属天塩地方演習林を経て信州大学へ。森林施業および経営に関する教育・研究を行っている。特に森林技術史、漸伐作業論、森林管理認証、地域森林資源論をテーマにフィールドワークを展開。著書に『森林施業・技術研究――理論と実証』（共著、日本林業調査会）、『森林と環境の創造』（共著、信州大学農学部森林科学科論叢）、『森林サイエンス』（共著、川辺書林）、『列状間伐の考え方と実践』（編著、全国林業改良普及協会）など。

斉藤 仁志（さいとう まさし）
3章3・4執筆。
岩手大学農学部准教授。
東京農工大学連合大学院修了（博士〔農学〕）後、（一社）フォレスト・サーベイ、信州大学学術研究院を経て現職。情報技術を活用しながら森林路網や作業システムの効率化に関する研究・教育を行っている。

千代 登（ちしろ のぼる）
10章執筆。
長野県松本地域振興局林務課長。
信州大学農学部森林工学科卒業後、長野県林務部へ。平成25年度から28年度まで、長野県林務部にてオーストリアとの林業技術交流業務を担当。

松澤 義明（まつざわ よしあき）
1章1～3、2章4、4章1・2・4、6章1、8章執筆。
（一社）長野県林業コンサルタント協会技監。
信州大学農学部林学科卒業。長野県内の県、市町村、森林組合を会員とする当協会で、会員の森林・林業の支援事業及び調査研究事業を統括している。技術士森林部門（第39664号）。

Monika Cigler（モニカ・ツィグラー）
7章6～8執筆。
オーストリア・グラーツ在住。文部科学省の奨学金を得て東京大学へ。ウィーン大学博士号取得後、日本学術振興会の特別研究員として再び日本滞在（一橋大学）。グラーツ医科大学にて博士号取得。通訳事務所を設立し、エネルギーアドバイザー資格を得て、木質バイオマス、林業、地域活性化を専門とする通訳やコーディネーター業務を行っている。連絡先は monika.cigler@gmx.at

地域林業のすすめ
林業先進国オーストリアに学ぶ 地域資源活用のしくみ

2020年 7 月30日　初版発行
2023年 8 月 7 日　2 刷発行

編著者　青木健太郎＋植木達人
発行者　土井二郎
発行所　築地書館株式会社
東京都中央区築地7-4-4-201　〒104-0045
TEL 03-3542-3731　FAX 03-3541-5799
http://www.tsukiji-shokan.co.jp/
振替 00110-5-19057
印刷・製本　シナノ印刷株式会社
装丁・図表作成　北田雄一郎

ISBN978-4-8067-1603-7